雪貂的飼養法

飲食・住家・對待方式・醫學全解析

田園調布動物醫院院長 田向健一・監修　大野瑞繪・著　井川俊彥・攝影
台北市獸醫師公會 理事長 江世明・中文版審定　彭春美・譯

漢欣文化事業有限公司
Han Shin Cultural Enterprise Co., Ltd.

目次

第6章 和雪貂共度的每一天……91

第4章 雪貂的住家……51

column 4

第5章 雪貂的飲食……71

column 5

column 7

column 6

ferret

是最喜歡玩
遊戲的小淘氣

請時常
跟牠玩、
多多愛護牠喲！

前　言

長長～的身體和短短的腿、不怕生又充滿好奇心的眼睛……打從遇見雪貂的那一刻開始，牠可愛的模樣就深深吸引了我們。實際帶回家後，以為牠會調皮搗蛋、興奮玩耍，沒想到看見的卻是令人驚訝不已的爆睡模樣……雪貂為我們帶來了許許多多的笑容。正因為如此，我們無不衷心期望，希望牠能度過幸福的每一天。

像雪貂之類的異國寵物，在飼養和醫療上，還有很多尚未明瞭的部分。本書延請獸醫師田向健一先生監修，並在各位飼主的協助下，刊載現時點所公認的最佳情報。今後也將收集許多的知識，期待雪貂四周的環境能變得越來越好。

希望本書對你和雪貂相處的每一天都能有所幫助。

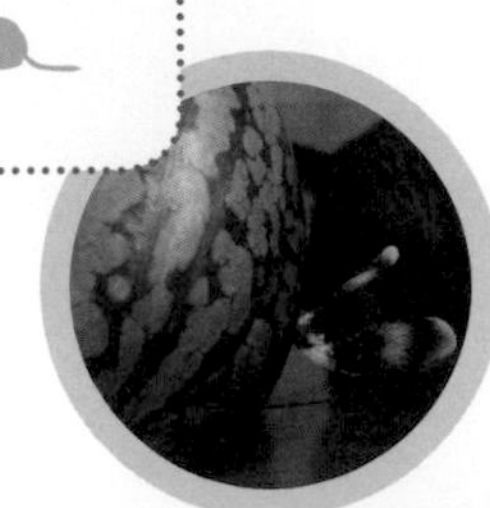

第 1 章

雪貂的同伴們

species of ferrets

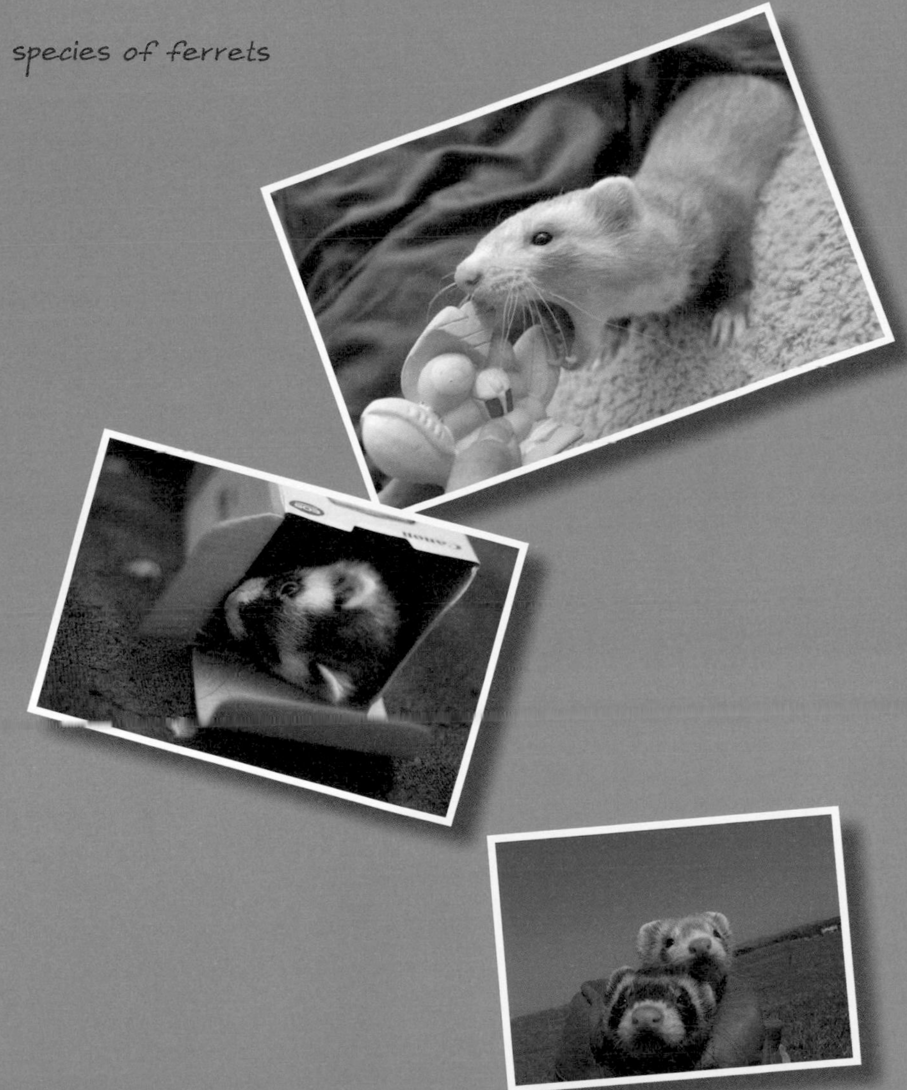

雪貂的分類……食肉目

雪貂是屬於食肉目鼬科的動物（「食肉目」，日文也稱為「貓目」。在此使用比較容易了解的「食肉目」為目名）。

說到食肉目，對我們而言最熟悉的寵物——狗和貓就是其代表。除此之外，食肉目中還有其他各式各樣特徵不同的動物們。

●分布

幾乎全世界都有分布，從凍土地帶到熱帶雨林、沙漠，還有海洋，所有的棲息環境都能適應。

●食性

「食肉目」這個分類名稱明白表示了「吃肉」的食性。正如其名，包含了獅子、老虎之類純粹的肉食動物，但是吃植物竹葉的大貓熊也是食肉目的同類。其他還有南美浣熊等吃昆蟲的動物，而吃魚貝類的海豹等則是在海裡生活的食肉目，其中甚至也有蜜熊之類強烈傾向於吃果實的動物。

●生活空間

其主要的生活場所也是五花八門。雖然大多在地上生活，但也有像麝香貓之類在樹上生活的動物，跟像獾一樣在地下穴道裡生活的動物。另外，如水獺般在河裡生活的動物，以及海獺、海豹、海獅等在海裡生活的動物，也都屬於食肉目。

●體型大小

體型最大的食肉目，在陸棲上為北極熊（800kg），海棲方面則為南象海豹（4t）。而體型最小的食肉目則是鼬的同類——伶鼬（50g）。

●共通點是「裂齒」

種類如此豐富的食肉目動物們，共通點是名為「裂齒」的牙齒特徵。所謂的裂齒，是指上顎尖銳的第4小臼齒和下顎第1大臼齒。上下齒剛好就像剪刀刀刃般交錯，相互咬合，可以咬斷獵物的肉。

這些動物就是因為這個共通點而被分類在「食肉目」這個範疇內的。

食肉目的分類

哺乳類
- 單孔目…鴨嘴獸、針鼴
- 兔形目…兔子
- 囓齒目…老鼠、松鼠、天竺鼠等
- 偶蹄目…牛、馬等
- ≀
- 食肉目
  - 裂腳亞目
    - 熊貓科、犬科、浣熊科、熊科、臭鼬科、貓科、
    - 靈貓科、獴科、鬣狗科
    - 鼬科
      - 水獺亞科
        - 小爪水獺屬、海獺屬、水獺屬等
      - 獾亞科
        - 獾屬等
      - 蜜獾亞科
        - 蜜獾屬
      - 鼬亞科
        - 狐鼬屬、巢鼬屬、貂熊屬、草原鼬屬、貂屬、白頸鼬屬、虎鼬屬
        - 鼬屬
          - 伶鼬、白鼬、長尾鼬、紋腹鼬、南美山鼬、歐洲雞鼬（雪貂為亞種）、艾鼬、黑足鼬、香鼬、黃鼬（日本鼬、朝鮮鼬）、黃腹鼬、紋鼬、裸足鼬、爪哇鼬、美洲水貂、歐洲水貂
      - 美洲獾亞科
        - 美洲獾屬
  - 鰭腳亞目
    - 海獅總科
      - 海獅科、海象科
    - 海豹總科
      - 海豹科

雪貂的顏色變化

黑貂

白子

雪貂的基本色

雪貂有多種顏色變化，非常賞心悅目。最基本的顏色有2種。一種是野生色的黑貂色，是和據稱為雪貂祖先的歐洲雞鼬相似的毛色。

另一種基本色，就如同「雪貂」在日文語譯中意指「白鼬」一般，即為白子（白色被毛．紅眼）。

以這些毛色為基礎，陸續衍生出多種顏色變化。而顏色的名稱也會根據外層被毛和底毛的毛色、被毛的長度、毛色花紋等的組合而有所不同。

被毛的種類

雪貂的被毛，是由又細又短又濃密的柔軟絨毛，和比起絨毛長且捲曲、末端筆直的芒毛所組成的底毛，以及比底毛長且粗硬的護毛（外層被毛）所形成的。

毛色

黑貂色（Sable）：護毛為深褐色，底毛為白色至奶油色或亮金色。眼睛為褐色或近於黑色的褐色。鼻子為褐色。

白子（Albino）：身上沒有色素，護毛和底毛都是白色至奶油色。眼睛為紅色，鼻子為粉紅色。

深黑貂色（Black Sable）：護毛是帶有深灰色的黑褐色，底毛為白色至奶油色。眼睛為深褐色或接近黑色的褐色。鼻子為帶有灰色的深褐色。

銀色（Silver）：護毛由白色和黑色混合而成。底毛為白色至奶油色。眼睛為黑色或葡萄色。鼻子為粉紅色、黑色或有斑紋等。

奶油糖果色（Butter Scotch）：護毛是像牛奶巧克力般的褐色，底毛為白色。眼睛為褐色至葡萄色。鼻子為粉紅色或米黃色。這個毛色在美國稱為巧克力色。

白毛黑眼（White-fur Black-eye）：護毛和底毛都是白色至奶油色。眼睛為黑色或

安哥拉雪貂

花斑

銀色

銀色手套

深黑

葡萄色。鼻子為粉紅色。和白子不同的是牠們帶有色素。也稱為黑眼白毛（Dark-eyeyd White）。

（除此之外，還有各種不同的毛色。）

毛色花紋

這是指因為毛色差異而形成的花紋圖案。

矇眼貂（Mask）：意指臉部的「臉譜」花紋。有僅在眼睛周圍形成明顯花紋的「全眼罩」、眼睛周圍的眼罩往額頭連結成倒T字形的「T桿眼罩」，以及鼻樑部分有切口的「V眼罩」等。

手套貂（Mitts）：在四肢的腳尖呈現有如手套或襪子般的白色或淡色。

火焰貂（Blaze）：從兩眼之間到額頭、兩耳之間、後頭部、肩口等處呈現白色的帶狀。

熊貓貂（Panda）：從頭部、臉部到喉嚨為白色者。

圍兜貂（Bib）：從喉嚨到胸部，形成有

長毛白子

褐色

粉彩

註記：顏色名稱並非世界共通，可能會依愛好家團體或繁殖場而異。在此是採用一般名稱。

如穿了圍兜般的白色。

膝蓋補丁貂（Knee Patch）：膝蓋處出現白色斑紋者。

安哥拉雪貂

這是被毛比一般雪貂更長更柔軟的長毛種雪貂。近年來數量逐漸增加。不只是被毛的長度不同，還有更大的體型、凹凸的鼻形、鼻上也有長毛等等不同之處。

毛色的變化

雪貂的毛色會隨著成長而出現變化，可能變深也可能變淺。

未做避孕去勢手術、擁有白色被毛的個體，成長後被毛會漸漸變成偏黃色。

此外，依季節而異，冬毛也會比夏毛豐厚。

鼬的同伴們

鼬科的動物們

雪貂所屬的鼬科動物們，廣泛棲息在除了南極大陸和澳洲之外的世界上。

鼬科動物具有豐富的多樣性。從生活場所來看，有在樹上生活的、在地上生活的、在地下挖洞生活的、在水邊生活的，以及在大海或河流等處生活的。體型最小的是只有約50g的伶鼬，最大的則是約45kg的海獺。

牠們的共通點是身長腿短的體型。另外，由於是兩性異形（生殖器以外的外觀會依性別而異），所以雄性的體型更大，以及擁有肛門腺（臭腺）這一點也是共通的。肉食性雖然也是共通的，不過其中也有吃果實的鼬科動物。

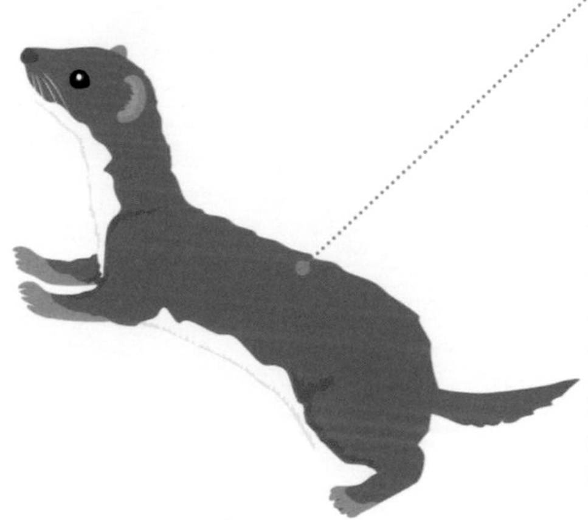

Least weasel
伶鼬（鼬屬）
Mustela nivalis

分布：廣泛棲息於從阿拉斯加、加拿大到美國的懷俄明州、北卡羅萊納州一帶，還有歐亞大陸北部。在日本，則棲息在北海道、青森、山形的山岳地帶（也被視為亞種）。在本州已成為有滅絕之虞的地域個體群。

除了凍土地帶之外，也生活在從開闊的森林到大草原、草原地帶等形形色色的棲息地。會襲擊比自己身體大3倍的獵物。冬天時全身會白化。體長16.5～20.5cm，體重30～55g。

Ermine
白鼬（鼬屬）
Mustela erminea

分布：廣泛棲息於阿拉斯加、加拿大到美國北部、格陵蘭一帶，還有歐亞大陸北部。日本有棲息在北海道的北海道白鼬，以及中部以北山岳地帶的日本白鼬。全都是近危物種。

棲息在森林、沼澤地、低木的茂密處等，也很擅長爬樹，會將樹洞或倒木下方做為巢穴。冬天會白化，只有尾巴末端一整年都呈現黑色。胚胎會延遲著床。體長17～33cm，體重25～116g。

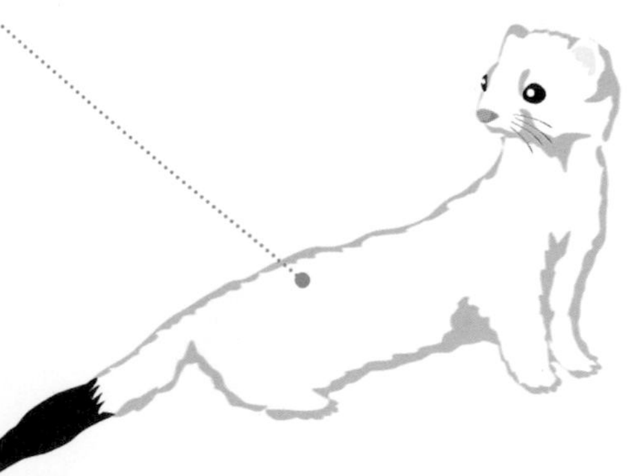

Black-footed Ferret
黑腳貂（鼬屬）
Mustela nigripes

分布：曾經分布在加拿大南部到墨西哥北部一帶，但已瀕臨滅絕的危機，目前則再度引入蒙大拿州東北部、南達科他州西部，以及懷俄明州西南部。

在長著短草的草原或丘陵上的土撥鼠的舊巢穴裡生活。外貌和雪貂非常相似，四肢呈黑色。由於獵物僅限於土撥鼠，因此隨著土撥鼠遭到驅除、數量減少，黑腳貂的數量也跟著遽減。體長38～60cm，體重645～1125g。

分布在世界上的鼬科動物們

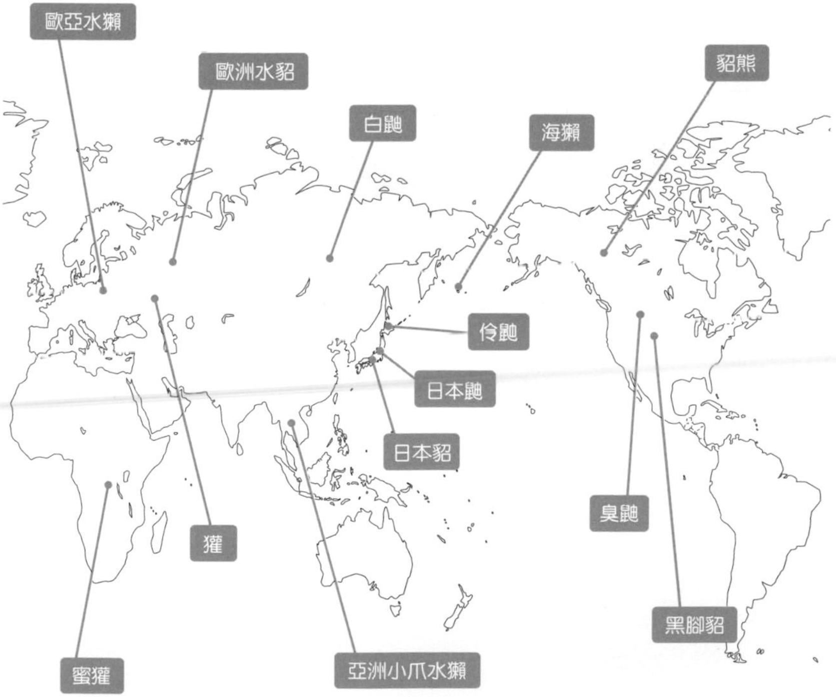

歐亞水獺
歐洲水貂
白鼬
海獺
貂熊
伶鼬
日本鼬
日本貂
臭鼬
獾
黑腳貂
蜜獾
亞洲小爪水獺

註：此圖並非精確的分布區域標示圖。

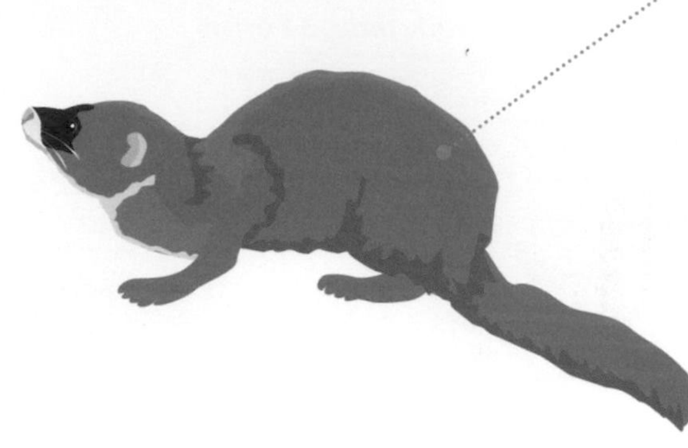

Japanese Weasel
日本鼬（鼬屬）
Mustela itatsi

分布：廣泛分布於北海道到屋久島一帶。為日本特有種，也有一説認為是屬於西伯利亞鼬（黃鼬）的亞種。

會捕食老鼠或昆蟲等小動物，住在河邊的也會吃魚。在日本，另外還有屬於西伯利亞鼬亞種的朝鮮鼬棲息。尤其是在西日本分布廣泛，在都心地區發現的鼬幾乎都是朝鮮鼬。雌雄體型差距大，體長雄性為28.8～37cm，雌性為19.5～25.5cm；體重雄性為290～650g，雌性為115～175g。

European mink
歐洲水貂（鼬屬）
Mustela lutreola

分布：曾經廣泛棲息於歐洲，不過現在只散布在西班牙北部、法國西部和東歐。

生活在水邊，會自行挖掘巢穴，或是利用水田鼠的巢。主要以水生生物為食，不過食物的範圍廣泛，從螯蝦、魚類、小型哺乳類到麝鼠，也會捕食小鳥等。擁有焦褐色到黑色的被毛。體長雄性為37.7cm，雌性為31.5cm，體重為440～739g，雄性比雌性大。北美水貂的體型大於歐洲水貂。

Japanese marten
日本貂（貂屬）
Martes melampus

分布：有棲息在本州、四國、九州的日本貂，和棲息在對馬島的對馬貂。對馬貂是瀕臨絕種動物，為天然紀念物。

居住在森林中，也擅長在樹上生活。白天同樣經常活動。在食物中，水果佔了相當大的比例。有些類型冬天時全身會覆蓋美麗的黃色被毛。北海道有黑貂亞種的蝦夷黑貂棲息。體長雄性為45～49cm，雌性41～43cm；體重雄性0.9～1.9kg，雌性0.8～1kg。

Wolverine
貂熊（貂熊屬）
Gulo gulo

分布：棲息於北美大陸北部、歐亞大陸北部的凍土地帶、針葉林地帶。

又叫做狼獾，擁有和熊相似的外觀。冬天捕食馴鹿，夏天則會捕食中型．小型哺乳類和植物。有時會將獵物儲藏起來，也吃其他動物狩獵到的獵物殘骸。被毛較長，為褐色～黑色，從肩膀到側腹、尾巴根部有淡色的帶狀花紋。巨大的腳掌即使在柔軟的雪地上仍能支撐身體，能夠有效地捕捉馴鹿等。北美和歐洲有2個亞種。體長65～105cm，體重9～30kg。

Striped Skunk
條紋臭鼬（臭鼬屬）
Mephitis mephitis

分布：棲息於加拿大、美國和墨西哥北部。

以「放臭屁」（來自肛門腺的分泌液）防禦外敵而有名。出生後不到1個月就具有噴射分泌液的能力。臭鼬分布在南北美洲，有3屬13種，其中條紋臭鼬是最普遍的。臭鼬的白色條紋會依種類而異，條紋臭鼬則是有從頭部通過背部側邊，連結到尾巴的白色帶狀。體長57.5～80cm，體重1.2～5.3kg。

Oriental small-clawed otter
亞洲小爪水獺（小爪水獺屬）
Aonyx cinerea

分布：棲息於印度南部、馬來半島、印尼和中國南部。

可以過著水陸兩棲的生活。在水邊生活時，會在堤防上挖洞做成巢穴。平均約有12隻的家族一起生活，以12種不同的叫聲進行溝通。

爪子非常小，很少會比趾頭還長。前腳很靈活，可以用前腳捕捉獵物，或是抓著來吃。牙齒粗大，便於打開貝類。體長40.6～63.5cm，體重2.7～5.4kg。

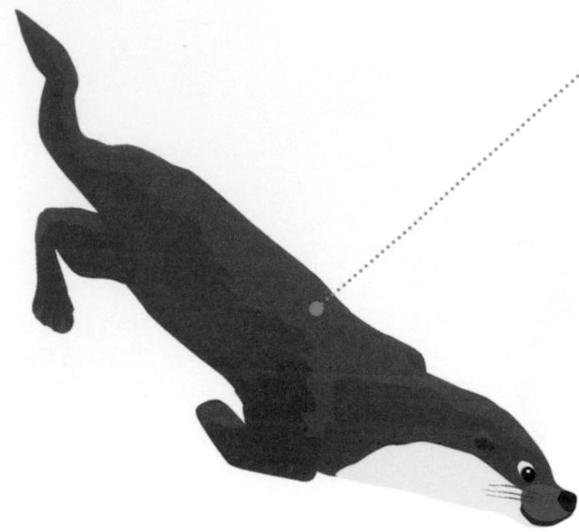

European otter
歐亞水獺（水獺屬）
Lutra lutra

分布：廣泛棲息於凍土地帶以南的歐亞大陸、非洲北部和印度南部。也有人認為日本水獺是歐亞水獺的亞種。

在河川或湖泊等淡水區域、海岸、森林等，以水中和陸地做為生活環境。根據觀察，牠們會以趴在河岸泥灘上滑行，或是在水中追逐等方式來進行遊戲。會用12種叫聲進行溝通。主食為魚貝類、小型哺乳類或兩生類等。體長60～90cm，體重7～15kg。

Sea otter
海獺（海獺屬）
Enhydra lutris

分布：曾經廣泛棲息於包含北海道鄂霍次克海岸在內的北太平洋沿岸，不過現在只有3個亞種棲息在阿留申群島至阿拉斯加、千島列島、加利福尼亞沿岸。

為了適應海中生活而特化，1cm²就密生著10萬根被毛。是靈長類之外唯一會使用工具的哺乳類，能用石頭打開貝類，不使用的時候則收在腋下的皮膚鬆弛處。身體的大小是鼬科中最大的，體長1～1.5m，體重14～45kg。

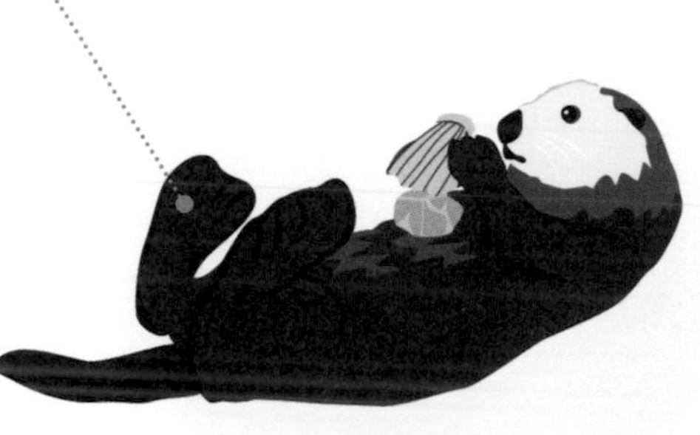

存在？不存在？日本水獺

日本水獺是日本人自古以來就非常熟悉的動物。不管是誰，應該都聽過河童的傳說吧！而以做為河童的原型而廣為人知的就是日本水獺。

不過，絕大部分的日本人都不曾看過日本水獺。牠是特別天然紀念物，被列入瀕危物種，最後一次被人目擊是在1979年。遺憾的是，有不少研究學者都認為牠已經滅絕了。

日本水獺本來是棲息在全日本水邊的動物，據說明治時代也曾出沒於東京的荒川。然而，因為毛皮的關係遭到人們濫捕，且在水質污染及護岸工程的影響下，最終導致數量不斷減少，在本州最後一次被人目擊是在1954年。目前，被認為最有棲息可能性的只有高知縣西南部而已。只能期望日本水獺能夠在不被人看見的情況下悄悄地生活了。

Eurasian badger
獾（獾屬）
Meles meles

分布：廣泛棲息在歐亞大陸北部。日本則有屬於亞種的日本獾（Meles meles anakuma），分布在本州、四國、九州。

在日本，牠們棲息於都市近郊或森林中。為雜食性，除了蚯蚓之外，也會吃昆蟲或青蛙、水果等，並不挑食。在歐洲會形成大家族（有過最高23隻的記錄），但是日本獾則是由媽媽和孩子組成的6～7隻群體，再加上成熟的雄性一起生活。體長雄性為56～68cm，雌性為52～59cm；體重雄性為5.9～13.8kg，雌性為5.2～10.5kg（日本獾）。

honey badger
蜜獾（蜜獾屬）
Mellivora capensis

分布：棲息在非洲、中東、印度的乾燥沙漠之外的地區。

四肢和側腹、腹部呈黑色，頭部到尾部則為白色。皮膚又厚又堅硬，即使面對比自己還大的動物或兇猛動物也會發動攻擊。雜食性，從小型爬蟲類到水果，攝食範圍廣泛。已知和一種稱為響蜜鴷的鳥有共生關係，據說響蜜鴷會大聲告知蜂窩的所在處，然後由蜜獾破壞蜂窩，舔舐蜂蜜，響蜜鴷就能吃到蜜蠟。體長平均為80cm，體重9～12kg。

北美水貂和外來種的問題

在外來生物法（35頁）中被指定為特定外來生物的北美水貂。昭和初期為了做為毛皮動物而引進北海道養殖，在二次世界大戰後正式開始人工飼養，據說在1961年，飼養的數量已經達到了10萬隻。

另一方面，脫逃的個體也不在少數。因為繁殖力強，目前已定居在北海道的廣大範圍中，和固有生物之間的競爭、捕食等都讓人擔心。此外，牠們在栃木縣、長野縣等造成的影響也讓人頗為擔心。

這樣的情形也同樣發生在歐洲。歐洲本來有歐洲水貂（18頁）棲息，而其棲息數量減少的原因之一，就是和北美水貂之間的競爭和交配所產生的問題。

不管是做為寵物還是家畜動物，若要飼養外來生物，這類問題都是無法避免的。

column 1

鼬的照相館 ❶

嗯～好舒爽的風哪！

你是誰！好大的臉哦！

（爆睡中……）

你獨佔玩具太狡猾了！

紙袋躲貓貓，也讓我參一腳吧！

這樣睡起來最舒服～

怎麼樣？可愛吧♪

玩累了，休息一下。

第 2 章

在飼養雪貂之前

preparing for your life with ferrets

迎接雪貂之前

做好心理準備了嗎？

迎接新的動物做為家人時，首先要做好心理準備。備齊飼養上的必需物品當然是必要的，而認知在生活中加入非人類的生物這件事也很重要。

雪貂和人類不僅無法用語言溝通，也是不同種類的生物。恐怕雪貂是不會努力想理解我們人類的，所以必須是由我們努力去了解牠們才行。

另外，也必須做好迎進生物會造成我們的生活發生改變的覺悟。如果喜歡雪貂，想帶牠回家的話，不只是美好的方面，也請充分理解可能要面臨的棘手問題。

雪貂的魅力

雪貂就是愛玩。充滿了好奇心、調皮搗蛋，會活力充沛地到處跑，一下子玩玩具，一下子和同伴玩打鬥遊戲……幾乎要讓人擔心牠會不會過度活潑而受傷了。

正當你覺得牠玩得太激烈時，牠卻突然安靜下來，香香甜甜地睡著了。花很長的時間睡覺，然後在短時間內集中性地玩耍，這就是雪貂的一天。

在歐洲，雪貂是自古以來就受到飼養、人們非常熟悉的寵物。因此有很多雪貂都很喜歡人類，一點也不怕生。友善又活潑的雪貂，是可以成為非常棒的家人的動物。

必須先知道的困難點

不只是雪貂，只要飼養動物，都會讓日常生活變得跟之前完全不同，或是必須面對棘手的問題。為了避免在不了解的情況下將雪貂帶回家，變得束手無策後就棄養的情形發生，一些負面資訊也要先知道才行（詳細於第3章後說明）。

□你可能以為小動物比貓狗「容易飼養」。其實，牠們和貓狗是一樣的，甚至可能會更難照顧。

□照顧是每天不可少的，而且也必須購買消耗品。只要持續飼養，就要花費時間和金錢。

□要和人類一起生活，必須做好如廁教養、啃咬習慣的教養等。忍耐是一定要的。

□雖然比較容易學會如廁的個體佔了多數，但若是遇上會到處便溺的個體，事後的清掃就會很辛苦。

□原則上是夜行性的。夜間可能會有靜不下來的情況。

□雪貂是怕熱的動物。夏天時可能必須一直開著空調，電費開銷頗大。

□即使做了臭腺摘除手術，還是會有獨特的體臭。

□雖然家畜化的歷史長久，還是會有不親近人的個體，或是有啃咬習慣的個體。

□雪貂有幾種容易罹患的疾病（130頁～），可能必須長久持續的看護。

□能夠好好診察雪貂的動物醫院並不多。找尋家庭獸醫院也算是一件工作。

□雪貂可能必須接種瘟熱病疫苗或是預防心絲蟲病。

□旅行等時可能會找不到能夠託付雪貂的地方。

□必須進行洗澡和刷牙等身體的清潔作業。

□雪貂會進入狹窄的場所，所以放牠出來房間裡遊玩時，必須確實做好管理。

□雪貂可能會成為飼主的動物過敏源。

□必須理解雪貂是「異國寵物」這件事。做為寵物，我們熟悉的有貓和狗，而雪貂卻還算是「罕見的動物」。就如前面所說，不但能診療的動物醫院很少，寵物食品安全法之類的法律也僅以貓狗為對象。做為異國寵物的飼主，必須有自己守護動物的強烈意志和自主性，努力收集情報才行。

迎進雪貂的責任

就像這樣，飼養起來麻煩事也多的雪貂，你是否能一直持續地飼養下去呢？雖然是體重只有約1kg的小動物，但是牠和我們一樣，都是寶貴的生命體。帶回家做為新成員的雪貂，沒有你的照顧是無法生存下去的。此外，雪貂是有社會性的動物。不只需要單純的照顧，也需要持續的感情交流，這些你都做得到嗎？

雪貂的壽命平均約為5～8歲，但也有活到11～12歲的長壽個體。你是否能夠考量到牠們的幸福，持續地關愛牠們到最後？不僅如此，也請事先設想到結婚、生產、搬家等等，這些可能會改變你原有的生活型態的事。

雪貂是原本不棲息於日本的外來生物（35頁）。不能說因為無法養到最後就任意把牠丟棄，你能夠確實地擔負起做為飼主的責任嗎？在開始飼養雪貂前，希望大家在各方面都能加以考慮。

家人的理解

其他家人對飼養雪貂這件事表示理解嗎？或許會有家人在意雪貂獨特的體臭。還有，就算打算「只養在自己的房間裡」、「全部由自己照顧」，也一定會有需要其他家人幫忙的狀況。夏天時空調費用大增，繳交電費的又是誰呢？

旅行或出差等不在家的時候，要由誰來照顧？生病的時候怎麼辦？雪貂也會感染人類的流行性感冒，所以萬一自己生病時，還是拜託其他人照顧會比較安心。最重要的是，迎進家裡的動物，應該要受到所有家人的喜愛。

小朋友和雪貂

有小朋友的家庭在迎進雪貂的時候，必須注意幾點。

雪貂的牙齒非常銳利，咬力又強，萬一雪貂認真地咬起來，就連大人也可能會受重傷，如果是小朋友就更嚴重了。即便是經過教養、沒有咬人習慣的雪貂，也請務必在大人的監視下讓牠們遊戲。不只雪貂會對小朋友帶來傷害，也要擔心小朋友對雪貂施暴。請教導小朋友要溫和地對待動物。

家中有嬰幼兒時請更加注意。雪貂可能會被奶味吸引而咬人。另外，當嬰幼兒開始會爬行而逐漸擴大行動範圍後，也可能對地上遺落的雪貂糞便感興趣而塞入口中，非常不衛生。請將嬰幼兒和雪貂確實地分開居住。

還有，當家中來了小寶寶，難免會將注意力和時間花費在他身上。為了避免雪貂的飼養管理和健康檢查變得馬虎，由家人來分擔職務也是一個方法。

其他動物和雪貂

● 狗、貓

要讓跨越品種的動物們彼此和睦相處，是人類自以為是的想法，若從動物的角度來看，或許會覺得我們多管閒事。雪貂和貓狗，如果慢慢讓牠們習慣，也許能漸漸地和諧相處，但是像臘腸犬或㹴犬等經過品種改良以做為狩獵犬的狗，相處時就會有危險。

此外，傳染病或跳蚤、蜱蟎也可能由貓狗傳染給雪貂，這一點也要事先知道才行。

● 倉鼠、小鳥等小動物

雪貂本來就會捕食小動物，而且還是特別改良用來狩獵老鼠或兔子的動物。請絕對不要讓牠們碰面。

和雪貂一起生活的必需物品&注意事項

要持續飼養雪貂，不只需要最初準備好的籠子和便盆等飼養用品、飼料等初期費用，還有日常的消耗品、疫苗等預防接種的費用、旅行時託付給寵物旅館的費用、生病時的診療費等等各種開銷。請先想想可能會發生什麼樣的事情、需要花費多少費用吧！因為飼養動物可是一件很花錢的事。

■**初期費用**：活體購入費、籠子等飼養設備費、便盆等飼養用品費、食物等飲食費、飼養書籍等情報收集費，以及健康檢查、疫苗接種等醫療費。視需要，還要再加上堵塞隙縫等室內安全對策的費用，或是空氣清淨機等。

■**維持費用**：便砂等消耗品、食物等飲食費、還得視需要換購玩具或吊床類。

■**健康管理**：疫苗接種、心絲蟲病預防藥物等預防費用或定期健康檢查費。必要時，還有寵物保險費和疾病治療費。

■**季節對策**：保冷板、寵物電熱毯等依需要添購的暑熱對策．寒冷對策用品。空調、除濕機等的電費。

■**飼主不在家時**：旅行或回故鄉、出差等不在家時的照顧費用（寵物保母、寵物旅館等）。

■**其他**：如果是購買正常雪貂，可能需要臭腺摘除手術或避孕去勢手術的費用。參加活動，或是和「貂友」網聚時，也會需要交際費用。

雪貂的挑選方法

從哪裡獲得？

●雪貂專賣店

只從事雪貂買賣的專賣店。因為各種毛色齊全，買賣的隻數也多，或許能夠從眾多個體中找到自己喜愛的雪貂。雪貂專門用品的備貨也很豐富。此外，因為是專賣店，所以充分擁有雪貂相關知識的店員應該也會比較多。

●異國寵物專賣店

以兔子或倉鼠等為主要買賣對象的異國寵物專賣店也有販售雪貂。爬蟲類專賣店也可能會有雪貂。

●一般的寵物店

也可以在以貓狗為主、但也有販賣其他小動物的一般寵物店購買雪貂。依店家的規模，販售的隻數可能並不多。

領養

大多數市售的雪貂都做過避孕去勢手術，所以通常不會在家庭中繁殖。在家庭中出生的雪貂寶寶「徵求領養」的情況是很罕見的。迎進這種雪貂寶寶的優點，在於離乳前親子都能待在一起。能夠確實地飲用母乳並取得充分的膚觸，對小雪貂的身心成長來說是一件非常重要的事。

只是，和一般販售的已完成避孕去勢手術、臭腺摘除手術的雪貂不同，在家庭中出生的小雪貂是正常雪貂。或許也必須考慮進行這些手術也不一定。

＊成貂的領養

有時也會有成貂的徵求領養。可能是因為某種原因讓飼主不得不放手，也可能是被人遺棄的雪貂在動物保護團體的保護下徵求領養。

依個體而異，怕生程度和健康狀態都各有不同，所以若想認養成貂時，最好先充分確認條件。

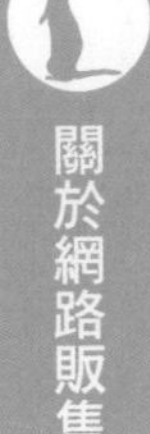

關於網路販售

網路商店或網拍上也可以買到雪貂。

即使是在網路商店或網拍上販售，要在資訊正確的情況下販售健康的個體——這一點和實體店鋪是一致的。販售方必須充分說明該動物的特性等，並且確認其健康狀態。關於疫苗接種的相關情報、到貨時萬一變得虛弱或是死亡時的處理、購入後不久就生病時的處理等等，最好都先做過確認。之前是餵食什麼樣的食物也應該要預先知道。

由網路商店或網拍購入時，會經由運送業者送到顧客手上。就算是由運送寵物經驗豐富的業者細心注意地運送，也避開了盛夏或嚴冬等極端氣候的時期，在運輸過程中還是有可能發生意外，這一點也請事先理解。

還有，網路販賣和實體店鋪不同，無法實際看到個體，一邊感受其觸感和氣味，一邊挑選。不管是要在網路上購買，還是在實體店鋪購買，都請不要忘了生物的生命都是一樣寶貴的。

選擇寵物店

就如29頁所記載的，買賣雪貂的寵物店有各式各樣的類型。

不管是哪一種類型的店家，重要的是以下各點。

□**店裡必須要衛生清潔**：因為有活生生的動物，所以要完全沒有動物氣味是不可能的，不過還是要檢視看看有沒有令人不愉快的氣味？便盆是否放任髒污不管？飲水瓶是否乾淨等等。

□**店員必須具備充分的雪貂相關知識**：雪貂之類的異國寵物，是特別需要店員知識的動物。必須請對方提供包含疫苗接種等在內的正確的飼養情報。

□**店員必須要適切地對待動物**：雪貂在寵物店中是處於孩童時期。這個時期是身心的成長期，需要的是適切的食物和肢體接觸。要觀察的是，店員是否有教導雪貂，人是友善的這件事，讓牠習慣與人接觸，或是有無進行不要任意啃咬等的教養？

個體的選擇方法

●是否已完成手術？

＊已完成避孕去勢手術的雪貂

在日本販售的雪貂中，最多的是已完成臭腺摘除手術和避孕去勢手術後才販售的個體。有的還會附上中性雪貂、超級雪貂等的名稱。

藉由臭腺摘除手術，可以避免雪貂興奮時從臭腺（肛門腺）排出分泌物。而進行避孕去勢手術，則可以抑制雪貂有時可能會變得兇猛的性格，或是抑制雌性的發情；不過這樣就無法讓牠繁殖了。

做為寵物，一般推薦比較容易飼養的是已經完成臭腺摘除手術・避孕去勢手術的雪貂。

＊正常雪貂

雖然數量不多，但還是有人販售沒有施行臭腺摘除手術和避孕去勢手術的雪貂（正常雪貂）。做過避孕去勢手術的雪貂，雌雄的體格幾乎沒有差異，但若沒有做過手術，雄性就會有雄性該有的健壯魁梧體格，性格上也會帶有野性。

雪貂常見的疾病之一——腎上腺疾病（132頁），有些人認為其原因就在於避孕去勢的時期過早，因此不施行這項手術，或是充分待其成長後再施行手術，或許都可以減少這種疾病的風險。反之，因為未施行避孕手術，雌性一到了發情季節就發情，也會讓人擔心因發情拉長引起的雌激素過多症。

因為沒有摘除臭腺，尤其是雄性，在興奮時就會釋出氣味強烈的分泌物。為了主張勢力範圍，也會到處塗抹尿液的味道。一到發情季節，不管是雄性還是雌性，體味都會變得濃烈。

如果是購入後才要進行臭腺摘除手術或避孕去勢手術，不但手術費用須由自己負擔，而且在日本絕大部分的雪貂都是已完成手術的，因此有這種手術經驗的動物醫院應該不多吧！因為有繁殖的可能性，所以萬一雪貂逃走或是飼主棄養時，對生態系造成的風險將會變得更大。

正常雪貂雖然可以讓人感受到動物本性的樂趣，不過若要進行飼養，飼主就應該要有相當的覺悟和責任感！

●性別

一般來說，以完成避孕去勢手術的個體佔了大宗，雌雄的差異並不會太大。在體格上，雄性方面有稍大的傾向。性格方面，比起性別，個體差異和飼主的對待方式所造成的影響似乎更大。

●年齡

在寵物店販售的雪貂，通常是出生後2～3個月大的幼貂。從幼貂時就開始飼養，好處可以說是比較容易接受新的環境和飼主，比較容易教養，也比較容易習慣身體的清潔美容等。

如果成貂後才開始飼養，也可以讓牠習慣，不過因為警戒心較強，所以或許需要時間和耐性。長時間待在商店裡的個體，也會因為店員是否經常與其接觸或是置之不理，而有很大的差異。

●個性

雪貂也和人一樣，有各種不同的性格。在店家遇見時的感覺雖然也很重要的，但若考慮到飼養的容易度，最好還是要看清楚個性。對雪貂來說，你是初次見面的陌生人，所以對你抱持警戒心是當然的。推薦的是雖然稍有警戒，仍然充滿好奇心地對你抱持興趣，活潑愛玩，和店員接觸時顯得不怕生的小雪貂。

不過，帶回家後的對待方式也可能會讓個性變得更好或更差，這一點請務必要理解。

●隻數

如果沒有太多飼養動物的經驗，建議從單隻飼養開始。只要飼主能夠充分做好感情交流，即使只養一隻雪貂也不會有問題。

此外，雪貂也是可以多隻飼養的動物。好幾隻雪貂在一起玩的樣子看起來很快樂，而且就算飼主沒有太多時間陪牠們玩，雪貂們大概也不太會感覺到壓力吧！

只是，也不是任何雪貂都能多隻飼養的。而且也可能有個性不合的情況，所以必須注意（112頁）。

●農場的差異

在日本流通的雪貂，幾乎都是進口自海外農場（繁殖場）繁殖的雪貂。包含在日本最為人熟知的MARSHALL（美國）在內，還有CANADIAN（加拿大）、PATHVALLY（美國）、FAR FRAM（中國）、MYSTIC（紐西蘭）等許多農場。

各家農場為了標示其出身，會在雪貂的耳朵或腹部等刺青，或是埋入晶片，或是附上證明書等，做法不一而足（應該要有刺青的農場，也可能因為時間久了而變淡，或是忘了刺上）。

各家農場都是以其抱持的理想雪貂形象來進行繁殖的，因此體格和個性也會依農場而異。不過，一般認為近年來已經沒有那麼大的差異了。由於個性也會因為個體差異和對待方法而造成極大的不同，所以最好仔細詢問店家販賣的農場雪貂的特徵，並仔細觀察該個體本身的體格和性格後再做選擇。

●健康狀態

購入時非常重要的，就是選擇健康個體這件事。雪貂到了夜晚會變得活潑，所以最好在傍晚以後前去觀察。如果有喜歡的雪貂，不妨召喚店員，一起檢查健康狀態（從接觸的模樣來確認雪貂和人親近的程度）。

如果是好幾隻雪貂放在同一個籠子的話，只要其中一隻生病就有可能傳染給其他個體。除了喜歡的雪貂，最好也檢查一下其他雪貂的健康情況。

購入時的檢查重點 check!

- ☑ 眼睛：沒有睜不開的樣子、沒有眼屎、沒有腫脹或傷口、明亮、視覺沒有異常
- ☑ 鼻子：沒有流鼻水、不會連續打噴嚏、沒有受傷
- ☑ 耳朵：耳內沒有髒污、沒有傷口、聽覺沒有異常
- ☑ 牙齒：沒有缺損或斷裂、咬合正常
- ☑ 四肢：沒有受傷、趾頭和趾甲都齊全
- ☑ 被毛、皮膚：毛流平順、沒有脫毛、沒有傷口或皮屑、沒有過度搔癢的樣子
- ☑ 腹部：肛門和生殖器周圍沒有髒污
- ☑ 體重：抱著時有沉甸甸的重量感、不會太胖或太瘦
- ☑ 糞便：沒有下痢
- ☑ 行動：有食慾、沒有拖著腳走路、會活潑地走動
- ☑ 疫苗接種：確認第一次的接種時間和種類

▶也請參照 126 頁「身體的構造」、129 頁「健康檢查的重點」。

雪貂和法律

外來生物法

雪貂是不存在於日本自然界的「外來生物」。為了避免外生生物擾亂日本的生態系，或是對農林水產業造成危害而制定的法律，就是「防止特定外來生物造成生態系統等受害的相關法律（外來生物法）」。

在這項法律中，指定雪貂同類的鼬屬北美水貂為「特定外來生物」，不管是飼養還是進口、放到室外等都是禁止的。

而雪貂則是做為「造成危害的相關知識未臻完備，須持續致力於情報蒐集的外來生物」而被指定為「須注意外來生物」，目前擔心的是牠會捕食小動物或鳥類而擾亂生態系。甚至已經有人目擊野生化雪貂的案例出現。如果棄養的情況增加，或許有一天我們再也無法飼養雪貂做為寵物了。請理解飼養外來生物這件事是具有重大責任的。

＊特定移入動物的飼養申報（北海道）

在北海道，雪貂依照「北海道動物愛護及管理相關條例」，被指定為「特定移入動物」。飼養時必須提出申報。

在台灣視其輸入飼養物種，需依野生動物保護法申報飼養。

動愛法

「動物愛護及管理相關法律（動愛法）」，是和動物有關的人都應該知道的法律（類似台灣的動保法）。其基本原則是，動物是有生命的，不可以濫殺或是傷害、虐待，在兼顧到人和動物的共生之下，必須考慮其習性，適當地對待。

還有，根據動愛法和其相關法令，規定飼主必須依照動物的習性進行適當的飼養；此外，動物買賣業者（寵物店等）也必須對該動物（哺乳類、爬蟲類、鳥類）進行充分的說明才能販賣，並且必須進行適當的管理等。

傳染病法（進口動物申報制度）

這是為了預防動物傳給人類的共通傳染病（１５０頁），依據傳染病法所制定的進口動物申報制度。除了雪貂之外，老鼠的同類或兔子等哺乳類、鳥類也都是其對象。針對雪貂的傳染病是狂犬病。必須根據出口國的政府機關所發行的衛生證明書，來證明該雪貂沒有出現狂犬病的症狀，或是出生於非狂犬病發生地區等。

（在國內店家購買雪貂時無關乎上述事項，但若是要個人進口就有關係了。）

column 2

我的正常雪貂生活 by星谷 仁

1995年，帶回一隻做過手術的中性雪貂．雄性……

當時普遍認為正常雪貂不適合當寵物……不過當我發覺牠是正常雪貂的時候，牠已經和人很親近了。也有人說發情期的雄性會凶暴化，但是鱉腳貨卻沒有變得兇暴，倒不如說是不怕生地長大。

問題在於……

鼬的臭屁

害怕時會放臭屁，沒事時也可能發出臭味。放屁時肛門會因為臭腺的分泌物而微微濕潤。此分泌物若是附著在衣服或皮膚上，臭味會變得難以消除。

所以當出現臭味時，只要將牠的鼻端移到肛門處，讓牠聞過後自己舔掉，就能消除臭味！

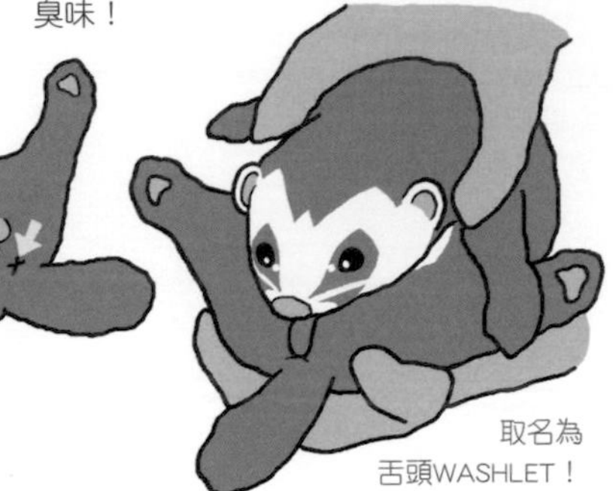

取名為
舌頭WASHLET！

（尿液）做記號

不同於平常的如廁（排尿），而是到處小便。會在樹根處或石頭等明顯的地方、有其他動物氣味的地方進行「氣味的覆蓋」。可能是鱉腳貨每天散步都做過記號了吧，在室內亂做記號的情況倒是從來沒發生過。

正常雪貂雄性的魅力

由於長成骨骼粗大且健壯的體格，因此變成了體型矮胖＆圓臉的可愛模樣。即使是成貂了，仍然充滿稚氣。

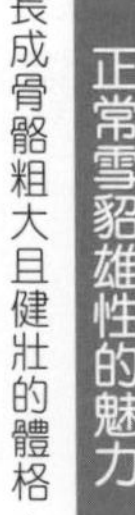

一想到放臭屁和撒尿做記號都是雪貂「原本的模樣」，就更有意思了。可以觀察到「原本的模樣」，並且考察其意義和作用，反而讓我獲得了不少樂趣。

「星谷 仁的部落格」 http://blogs.yahoo.co.jp/ho4ta214

第 3 章

認識雪貂

understanding ferrets

認識雪貂的目的

從雞鼬而來

雪貂是將歐洲雞鼬或艾鼬家畜化而產生的。

雪貂相較於其他的異國寵物——例如刺蝟或蜜袋鼯等——算是做為寵物的歷史壓倒性地長久的動物。飼養大多數的異國寵物時，都會以「野生動物」這一點為前提來整理飼養環境，然而雪貂卻不是以「野生動物」，而是以和貓狗相同的「伴侶動物」的立場融入人類的生活中的。尤其是在日本，完成避孕去勢手術和臭腺摘除手術的個體佔了壓倒性的多數，「野生動物特質」變得薄弱，就連本來是單獨生活的動物，也能多隻飼養；本來是在巢穴中生活的動物，也能在吊床之類的開放場所睡覺。此外，可能是因為飼主餵食的關係吧，儘管雪貂是完全的肉食動物，卻也有喜歡吃小黃瓜或水果乾的個體。

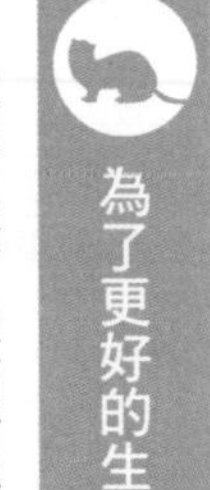

為了更好的生活

就像這樣，雪貂看起來好像已經完全寵物化了，但若說到忽略其本來的生態和習性是否恰當，卻又不盡然。不管雪貂有多麼喜歡吃蔬菜，牠們的消化道還是無法從蔬菜中攝取營養。因為雞鼬和雪貂不只是體格相似而已，大家必須理解的是，雞鼬在進化過程中所獲得的生態和習性，仍然殘留在雪貂身上。

為了瞭解雪貂的心情

人類準備的環境對雪貂來說是否真的是「幸福的生活」？實際上不問問雪貂是無法得知的。遺憾的是，雪貂和我們無法用相同的語言交談，不過，交談的方法也並不僅只有語言而已。不管是貓狗或雪貂，還是其他的動物們，都未必僅用交談（叫聲）來取得溝通。就像狗搖尾巴所代表的一樣（不只是喜悅，也可能是在警戒），也有用眼睛看就能了解的表達方式，那就是身體語言。

雪貂有什麼樣的意思表達方式呢？如果能儘量理解，知道其中含有什麼樣的意思，應該就能越來越清楚了解雪貂的心情了吧！

●環境豐富化

「環境豐富化（Environmental Enrichment）」，是指從動物福利的立場來看，為了實現受飼養動物的「幸福生活」，而讓飼養環境變得豐富的嘗試。要實現「幸福生活」，需要的是儘量滿足該動物擁有的本來行為目錄（Behavioral Repertory），還有各種行為目錄的時間分配也要儘量接近其原本的狀態。這是動物園的野生動物展示區所採用的廣為人知的做法。

對雪貂而言，環境豐富化指的是什麼呢？

在飼主為了雪貂好而自然進行的事項中，也存在著「環境豐富化」。其中之一就是遊戲。動動玩具，讓雪貂過來咬，就能成為滿足「狩獵」這項行為目錄的事項。雪貂之所以顯得非常高興，這是因為牠們的本能（與生俱來的行為）獲得滿足的關係。

雞鼬的生態

棲息地

歐洲雞鼬（*Mustela putorius*／European Polecat）棲息在西歐到東歐一帶。英國只有少量分布，斯堪地那維亞半島北部則無棲息。有數種亞種，雪貂在分類上是其亞種之一。

歐洲雞鼬生活在水邊或沼澤地、森林的邊緣、有島狀矮灌木的草原上。

生活

單獨生活，狩獵也是單獨進行的。甚至能夠殺死兔子之類比自己身體大的獵物，是優秀的獵人。也有襲擊歐洲水貂巢穴的事例。

除了兔子和囓齒目動物之外，也吃小鳥、爬蟲類、兩棲類、昆蟲和結肢動物等生物。有殺死獵物後儲存於巢穴的習慣。

在和艾鼬棲息區域重疊的地方，歐洲雞鼬經常會吃小鳥或家庭倒出的剩飯等，而艾鼬則有經常吃哺乳類的傾向。

行動圈超過１００ha，根據資料甚至可及２５００ha（東京迪士尼樂園和東京迪士尼海洋合計大約１００ha）。勢力範

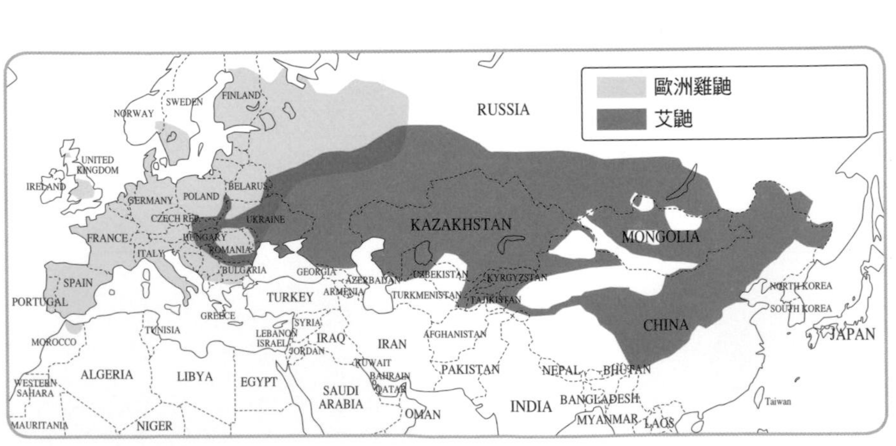

圍會重疊，雄性會將別的雄性趕出自己的地盤，雌性則會驅趕雌性。雖然是單獨生活，不過有利用臭腺做記號等藉由氣味進行溝通的方法。

雞鼬擁有能有效驅除老鼠或兔子的「益獸」的一面，同時也有狩獵鳥獸和襲擊家禽的「害獸」的一面。

體型大小

體長35～450cm。體重方面雄性約為1.7kg，雌性為0.7kg，顯現出兩性異形，雄性比雌性大很多。

被毛

冬天的毛色，護毛為黑褐色，背部和側腹部則會露出底毛的黃白色或黃灰色。夏天時，被毛會變得又短又粗，變成更近似灰色的顏色。

繁殖

性成熟為6個月大時，繁殖季節從5～6月左右開始。

懷孕期間約42天，會產下3～7隻幼鼬。誕生時的體重是9.50g。約3個月大才能獨立。

艾鼬

艾鼬（*Mustela eversmanii*／steppe polecat）棲息在中歐到西歐、中亞的草原地區、半砂漠地區、牧草地等，屬於比較乾燥的地方。海拔高的地方也可見到。白天以樹洞或植物密生的地方、岩石裂縫等為巢。體長為29～56.2cm，體重為1.3～2kg。繁殖的時候，會由複數的繁殖配偶和其後代形成繁殖群落。

了解雪貂的生活

雪貂和雞鼬的差異

雪貂的起源其實並不甚清楚。縱使一般認為是歐洲雞鼬或艾鼬，不過這2種很容易雜交，而且原本就有艾鼬應該是歐洲雞鼬亞種的說法，甚至還有和其他（已經不存在的）雞鼬有關的說法。不管是哪一種，總之必定是由棲息在歐洲的雞鼬同類家畜化而來的吧！

就學術上的分類來看，從雪貂的學名「Mustela putorius furo」就可以知道，牠是歐洲雞鼬的亞種。

外觀上也非常相似。一般認為頭蓋骨和牙齒的構造比較類似艾鼬。

因為被家畜化，由人類進行繁殖管理，因此已經成為相當容易飼養的寵物了，也產生了許多的顏色變化。

體型大小

沒有做避孕去勢手術的雄性體重為1～2kg，雌性是0.6～1kg；完成手術的雌雄都是0.8～1.2kg。但也有未施行手術的雄性體重為3kg，雌性體重為2.5kg的資料。體長方面，雄性是38～40.6cm，雌性是33～35.5cm。

未施行避孕去勢手術的雪貂，和雞鼬一樣是兩性異形。雄性會藉由讓體格變大，而在和其他雄性爭奪雌性的競爭中獲勝，以提高將自己的基因傳給下一代的可能性。

雪貂的生態

●活動時間

雪貂本來就是在早晨和傍晚時會變得活潑的晨昏型動物。經常被認為是「夜行性」，但其實牠最活潑的時候是在微暗的時段。由於兔子和老鼠也是晨昏型，所以或許是要配合這些作為捕食對象的動物活動的時間吧！

雪貂在活動時間之外都在睡覺，據說一天要睡18～20個小時。雞鼬比雪貂睡得少，但一天也要睡到15～18個小時。睡得這麼多，其中或許包含了因為經常火力全開地追逐獵物，因此沒必要時就讓身體休息的意義在內，此外，也有捉不到獵物時要儘量減少能量消耗的意義在內吧！

●食性

雪貂是被家畜化的狩獵動物。因此即使成為寵物，牠們是肉食動物這件事依然不會改變。在飼養下，由於飼主會給予各種不同的食物，所以也會吃偏離原本食性的食物，但還是不該忘了牠們的牙齒和腸胃等消化機能還是屬於肉食動物的這件事。

●社會性

雞鼬和雪貂之間極大的差異，在於牠們一個是單獨生活者，一個則是團體生活者。雞鼬是單獨性，但雪貂卻可以多隻飼養。寵物雪貂大多是已完成避孕去勢手術的個體，所以也更容易變成多隻飼養的狀況。

其實就算是雞鼬，一般認為若是可以從幼齡期開始讓牠習慣，也是能夠多隻飼養的。並不是說被家畜化後就突然具備了社會性，而是說雪貂原本就是由社會性較高（容易習慣人）的雞鼬所培育出來的。

雪貂的「語言」

想知道雪貂有什麼感覺？現在的心情如何？就必須理解雪貂的「語言」。從身體語言和遊戲方式、叫聲等來理解雪貂的心情吧！玩什麼樣的遊戲會讓牠興奮喜悅？發生什麼樣的事情會讓牠討厭等等，將察覺到的情況記錄下來，就能成為絕佳的「雪貂語辭典」了！對於平常愛玩的遊戲提不起勁，很可能是身體不舒服的關係……就像這樣，也可以做為檢查健康狀態時的大致標準哦！

●身體語言

＊鼓起尾巴

雪貂的尾巴感情非常豐富。尾巴像洗試管的刷子般膨脹鼓起，代表高興得處於興奮狀態時，或是反之正在生氣時、感到恐懼的時候等。

＊抖動尾巴

抖動尾巴表示不安、興奮或生氣。經常出現在將頭隱藏起來的時候。

＊蜷曲尾巴

不論好壞，蜷曲尾巴都表示雪貂變得感情化而易衝動。

＊Weasel War Dance（黃鼠狼戰舞）

這是雪貂遊戲時會出現的典型喜悅行為。「Weasel」是指黃鼠狼，「War Dance」一般認為是來自於美國印地安人在打仗前所進行的舞蹈。

拱起背部，豎起被毛，用四隻腳跳向四面八方，或是扭轉身體，搖晃頭部，咕咕咕地叫著，是一種非常有活力的舞蹈。這是雪貂邀請對方來玩時的行為。

就算不到那麼激烈的程度，跳躍也

有邀請對方的意思。跳起來再往後退，是要引起對方興趣時的動作。

＊摔角遊戲

年輕的雪貂們經常會進行摔角。先以黃鼠狼戰舞等邀請對方，然後互相咬住，在地上滾來滾去。

＊藏寶

雪貂會用嘴巴叼住喜歡的布娃娃等，帶到自己的隱蔽場所。一般認為這應該是雌性常見的本能行為。

＊往後退

沒有跳躍而只有後退時，表示覺得恐懼和不安。

＊追逐遊戲

雪貂之間彼此互相追逐的遊戲。

＊鑽入

由於雪貂很擅長進入地下挖掘的隧道中尋找獵物，所以在家裡也經常會鑽進狹窄場所或陰暗場所。

●叫聲

＊興奮狀態

可以聽到「咕咕咕…」、「咕、咕、咕…」的小叫聲。節奏越快表示越處於強烈的興奮狀態。在玩遊戲的時候、快樂興奮的時候等都能聽見。也可能是非常想要你陪牠一起玩時的邀約。

＊威嚇、憤怒

聽起來像是「咻—咻—」的叫聲，表示威嚇或是生氣的意思。也可能會向後退，或是將身體和尾巴的毛膨起。

＊感到寂寞

年幼的雪貂有時會發出像是「bue—bei—」的叫聲。是表示寂寞時的叫聲。

＊叫聲

極為恐懼或憤怒、疼痛時，會發出聽起來像是「吱—吱」的叫聲。

雪貂的五感

●視覺

由於是晨昏型動物，微暗處仍然可以視物，不過視力並不是太好。

●嗅覺

嗅覺發達。藉由用臭腺塗抹的味道和來自於皮脂腺的體臭，可以向同伴和繁殖對象傳達許多情報。

●聽覺

聽覺也很發達，能夠聽到高週波的聲音。

●觸覺

對於以狹窄地道為行動圈的雪貂來說，用來測量地道寬度的鬍鬚是非常重要的器官。

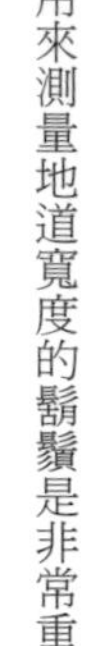

●關於視覺和聽覺的異常

或許跟顏色變異的特化有關，有些雪貂天生就有視覺障礙或聽覺障礙。在視覺障礙方面，因為原本就不怎麼依賴視覺，所以只要記住生活空間的哪些地方有什麼東西，大概就不太需要人擔心。有聽覺障礙的雪貂就要避免突然碰觸牠的身體，以免造成驚嚇。必須先在近處比手勢或是敲地板等，讓牠知道有人要接近後再碰觸牠。

雪貂的繁殖生理

●性成熟

出生後6個月大～1年就會性成熟。如果是在春天出生，就會在翌年春天（1歲）時首次發情；就算是在夏天出生，也是在翌年春天（約半年）時發情。

●繁殖季節

在歐洲，是在3月到8月的時期（雌性的發情期），一年繁殖2、3次。

●排卵

雪貂是屬於交尾刺激性排卵，由交尾的刺激引發排卵。如果沒有交尾，就會持續發情的狀態。

●生產

雪貂的懷孕期間是41～43天，平均會產下8隻寶寶。

●成長過程

雪貂為晚成性，剛出生的寶寶眼睛看不見，耳洞還沒開，也沒有被毛。出生時的體重是6～12g。出生後32～34天才會張開眼睛。乳牙則在出生10天後生長，約在恆齒長出的6～8週時才會離乳。

●交尾的特徵

雄性有J字型的陰莖骨，以免交尾時脫落。交尾的時間有時會持續1小時。雄性會咬住雌性的脖子來制止其亂動，所以會顯得較為粗暴。

●發情時的特徵

繁殖季節一到，雄性的睪丸就會變大，經常撒尿做記號；雌性發情時外陰部則會腫大。不論雌雄都一樣，因為皮脂產生的分泌物增加的關係，所以腹部的被毛會變黃，尿液的氣味也會變濃。

●生產次數

一年可生產3次。一般認為如果產下的寶寶數量在5隻以下時，即便是在授乳期也會發情。

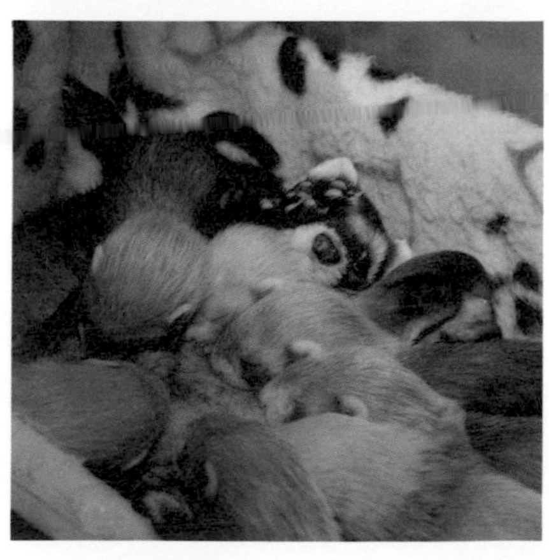

我家的繁殖經驗

在日本，正常雪貂是非常稀少的，所以有雪貂繁殖經驗的人並不多。就讓我們來請教有過迎接可愛的雪貂寶寶這個珍貴經驗的藤原武先生吧！

是基於什麼樣的緣由想讓雪貂繁殖的呢？

我第一次帶回家的雪貂罹患了白內障，調查過後才發現，原來這些熱門寵物被沒有良心的業者進行近親交配，造成了許多罹患白內障等的個體，這件事情讓我感到非常難過。就在這時，有人讓給我一對血統清楚的雪貂，於是我便興起了在自家繁殖看看的念頭。

請告訴我們雪貂交尾時和懷孕中的情況。

雪貂的交尾，一般的說法是雄貂會用力咬住雌貂的脖子，在房間裡四處拖行，直到雌貂不動為止；不過在我們家，雌貂很快就溫順下來，進行交尾。

懷孕中腹部會漸漸變大，所以即使是多隻飼養，還是要將雌貂隔離，單獨照顧。當生產期接近時，乳房會漸漸脹大，因為經常引發乳腺炎，所以飼主要多費心思。

一開始生產，出生的寶寶就會開始哭叫，所以馬上就能知道。寶寶如果鑽到籠子角落等造成體溫下降的話就會死亡，所以請在稍遠處悄悄地看照，讓寶寶回到母親的身邊。

育兒中的情況為何？

雪貂媽媽為了避免寶寶被捉走，總是處在警戒中，所以一直都是靜悄悄的。寶寶會被媽媽舔得乾乾淨淨。

寶寶一天一天長大，開始對媽媽的食物感興趣的時候，就可以將較軟的雪貂飼料用熱水泡開做為離乳食。剛開始時水分要多一些，讓飼料泡軟，再逐漸加硬。飼料如果過硬會造成脫肛，所以須一邊觀察寶寶肛門的情況，逐漸提高硬度。等到離乳時，就要直接餵食硬飼料了。

‧‧‧‧‧‧‧迎進正常雪貂覺得如何呢？

臭腺會散發出動物園裡的臭鼬區的氣味，雄貂做記號的尿騷味則像是小爪水獺區的氣味。雌貂也有發情的問題，所以一般做為寵物飼養時，不做臭腺摘除和去勢．避孕手術應該是行不通的吧！想將寶寶送養時，也得向領養者索取手術費用，所以要找到領養者也不容易。我們家很幸運地找到了非常好的領養者，讓大家都有幸福的歸宿，不過，如果沒有相當的覺悟，還是不建議繁殖。

5月3日生產。右上方的貂寶寶一下子就死了。

出生第5天。逃走的寶寶被媽媽用嘴巴叼回來（右頁也是同一天）。

出生第7天。被毛已經增生了不少。

出生第26天。吃得好飽！這個時期吃很多也睡很多。

出生第28天。開始吃用熱水泡開飼料的軟質離乳食。

出生第35天。一面注意有無脫肛等，一面逐漸更換成一般的飼料。

column 3

鼬的雜貨店 ❶

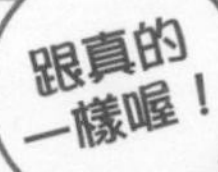

應該有很多人一看到雪貂圖案的雜貨，就會不由自主地掏出錢包吧！在此要介紹的是我們在雪貂專賣店裡發現的，經過嚴選的可愛雪貂圖案雜貨！

有雪貂剪影的托特包

隨時都在一起！站立姿態的雪貂剪影超級可愛的棉質托特包。也有剪影為坐姿的款式。

FERRET in CAR貼紙

貼在車窗上用的可愛插圖貼紙。貼上這個，出門在外時或許也能認識雪貂同好？

附公仔的原子筆

原汁原味的雪貂公仔垂吊在頂端的原子筆。寫字好像也變有趣了。

雪貂造型吊飾

雪貂剪影的吊飾。如果做成皮帶、項鍊等，就可以一直配戴在身上了。

雪貂貼紙

手機或筆記本等，任何地方都能貼的貼紙。顏色齊全，有15種。除此之外，也有安哥拉雪貂的貼紙。

雪貂計算機

有著可愛雪貂插圖的計算機。仔細看，上面畫著各種顏色的雪貂。是辦公室或學校裡的好幫手！

商品提供：雪貂專賣店FERRET WORLD

第 4 章

雪貂的住家

housing ferrets

準備雪貂的住家

打造住家的基本概念

來準備雪貂可以安心生活的安全住家吧！

若想要盡可能提供雪貂輕鬆悠閒的生活，「放養」或許是最理想的。只不過，以大部分的情況而言，人類的生活空間對放養雪貂來說是很危險的場所。只要不是能夠實施對雪貂來說百分之百的安全對策、進行適當飼養管理的房間，就無法建議放養。

話雖如此，卻也不代表不出房間、只在籠子裡飼養雪貂就可以。為了給雪貂充分運動的機會並紓解壓力，享受和飼主之間的膚觸，建議用籠子做為雪貂的住處，在有限的空間和時間下，讓牠在房間裡遊戲。

雪貂的住處需求有以下幾點。

●安心的

對一天大部分的時間都以睡覺度過的雪貂來說，需要的是可以舒適休息的空間。

●安全的

打造在籠子裡不會受傷的高安全性住處吧！

●不無聊的

一般來說，雪貂在籠子裡面的時間會長於在房間裡玩遊戲的時間。必須打造成在活動時間也不會覺得無聊的環境。

●容易管理的

雪貂的飼養管理是每天要做的事。照顧的容易度也是重點。

挑選籠子的重點

●以空間為優先考慮

雪貂是生活在地面上的動物，也會為了捕捉兔子或老鼠等而鑽入地下挖掘的地道中。因此，籠子必須要有充分的空間。

不同於同為鼬科的日本貂等，雪貂不在樹上生活，並不具備從高處安全躍下的能力；而在地道內，不管多麼緊急，應該也不會有「墜落」之類的落地方式。不過，如果在籠子裡打造過高的場所，就會發生從該處摔落之類的意外。因此，籠子請以擁有寬敞底面積者做為最優先選擇。也有些雪貂用的籠子是具有高度的多層階籠子，但如果閣樓部分狹窄的話，就很容易發生摔落意外，必須多加注意。

●能夠區分生活空間嗎？

之所以需要寬敞的籠子，不只在於預防摔落意外，還得將雪貂生活上不可欠缺的便盆、睡鋪、飲食場所等全部配置在籠子裡才行。可以將廁所和睡鋪、廁所和飲食場所等某程度隔離開來的寬敞空間是必要的。

●放置物品後仍然寬敞

需要的是在放置便盆、睡鋪、餐碗和玩具類等之後，剩下的空間仍然能讓雪貂充分活動的籠子。

●容易進行飼養管理

考慮雪貂的生活便利性雖然重要，但對飼主來說，是否容易管理這一點也非常重要。籠子如果太重而無法輕易搬運，要整個清洗時就會很困難，所以附有腳輪會比較方便。籠門要大一點，以方便便盆等飼養用品的拿進拿出。選擇籠子的時候，也要考慮到自己是否容易使用這一點。

●有沒有脫逃的危險？

專為雪貂製作的籠子，給成貂使用時不會有問題，但若是使用貓狗用的籠子，或是讓幼貂使用雪貂專用籠時，就必須小心雪貂從鐵絲網隙縫脫逃。

還有，籠門是否能牢牢關閉？籠子一經長久使用，門扣可能會鬆掉，從內側就能輕易打開。萬一雪貂想從開一半的隙縫間出來，也有不慎被夾住的危險。利用扣環等，用心預防脫逃和意外吧！

●安全性高嗎？

檢查籠子裡面是否有雪貂可能鉤到身體的地方。籠子底部如果有鐵絲網，請拆掉底部的鐵絲網後再使用。

籠門開在前面的類型，必須注意當雪貂想從籠子出來的時候，是否會鉤到手腳。

構成籠子側面鐵絲網部分的網條，有直向、橫向或是格子狀的，如果是直向的，或許可以降低雪貂攀爬籠子或是夾到手腳的風險。

側面和側面的接縫部分等，只要有小小的隙縫就可能鉤到趾甲。儘量選擇構造簡單的籠子，才能降低意外發生的可能性。

● 籠子尺寸的大致標準 ●

寬60cm × 深60cm × 高40cm
（美國獸醫學書籍建議的最低限尺寸）

寬76 ～ 91cm、深46 ～ 61cm、高51cm
（美國飼養書籍建議的最低限尺寸）

前面和上部開關的類型
寬90cm × 深62cm × 高60cm

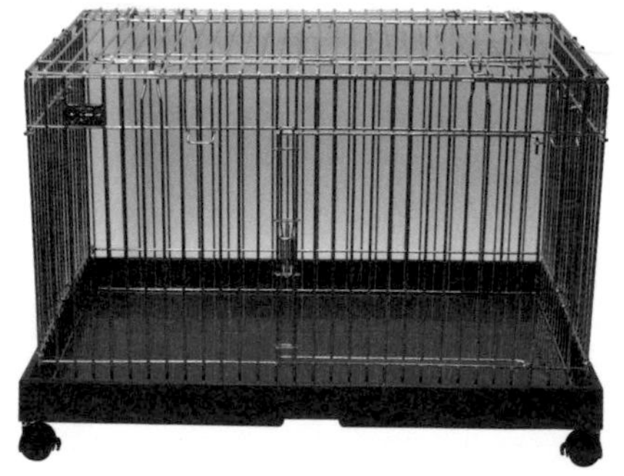
直網的類型（附腳輪）
寬79.5cm × 深51.5cm × 高49cm

基本的飼育用品

●睡鋪

雪貂需要能好好休息的睡鋪。吊床是基本款中的基本款。冬天用的刷毛布材質，夏天用的網眼布材質，可以鑽進去的睡鋪等等，種類形形色色。也有很多人享受親手製作的樂趣。請準備多個吊床，以一週清洗1〜2次的程度為清潔標準。

不過，考慮到雪貂本來的習性是在地下築巢，所以在地板上放置陰暗、可以鑽入的睡鋪，可能才是牠原本所期望的吧！也有些雪貂不喜歡吊床，反而會鑽入幼犬睡鋪上鋪好的毛巾或毯子中睡覺。吊床的優點或許是可以有效活用籠子內的死角。如果使用寬敞的籠子，就多準備幾個睡鋪，讓雪貂選擇自己喜歡的睡鋪吧！

●便盆

市面上有販售可以放在籠子角落的四角形或三角形雪貂專用便盆。較大尺寸的便盆應該比較容易進行教養、容易使用吧！為了方便雪貂進入，便盆的前側較低是其特點。不只是在籠子裡，讓牠遊戲的室內也可以放置。先準備好清掃用的鏟子會比較方便。

●便砂

使用雪貂用或貓用的便砂。最好選擇萬一吃下去也不會有危險的便砂、不會凝固的便砂（凝結砂萬一誤食的話會在消化道內凝固，或是沾附在生殖器或肛門上凝固）、不會粉粉的便砂等。

雪貂和貓不一樣，不會用砂子將糞便埋起來，而且可能會玩砂子而弄髒周遭，所以砂子只要薄薄地鋪上一層就夠了。

●餐碗

有放置在地板上的類型，和安裝在籠子側面的類型等。放在地板上的類型，

最好選擇有重量、不容易翻倒的陶器製或不鏽鋼製；安裝在側面的類型，則要選擇無法輕易取下、牢固的商品。也可以使用非動物用的普通器皿（焗烤杯等），不過太淺的話食物容易灑落，太深則不容易進食，所以請選擇適當深度的。請確認雪貂進食的情況。

●飲水瓶

飲用水建議使用安裝在籠子側面的飲水瓶來給予，讓雪貂在任何時候都能喝到乾淨的水。請安裝在容易飲用的位置。

無論如何都不使用飲水瓶時，就用盤子給予飲水。最好使用有點深度、重量足夠的陶器製或不鏽鋼製的盤子。請經常更換飲水，以免雪貂喝到髒水。

●地墊

為了保護雪貂的腳底，防止鉤到腳的意外發生，請拆掉籠子底部的鐵絲網。

夏天用吊床（網眼布）

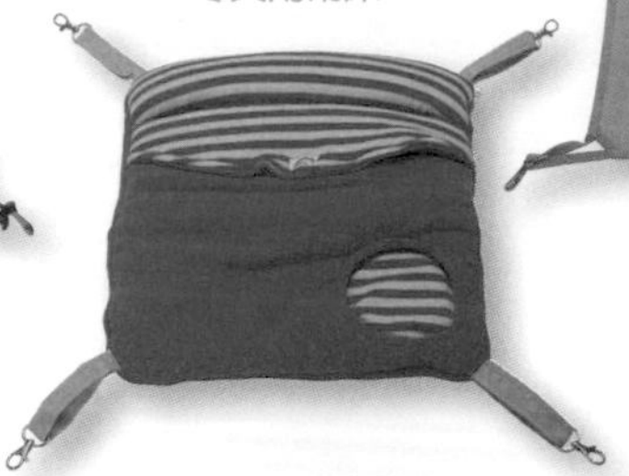

冬天用吊床

春秋用吊床

三角形便盆

四角形便盆

便砂（貓砂）

籠子的底部直接使用的話容易發黏髒污，所以建議鋪上地墊。請選擇對雪貂安全的商品。

布類要選擇不會鉤到趾甲的材質。如毛巾般呈繩圈狀的材質可能會造成危險。塑膠地墊或聚氨酯板、軟木板等，並不適合喜歡啃咬的雪貂。木板條則有夾到腳的危險，必須注意。

＊關於籠內布製品的注意事項

吊床或地墊等如果使用布類，就要注意避免雪貂挖掘或啃咬造成破洞後，想要鑽入破洞而卡住，或者吞入咬下的布屑造成消化道阻塞，或是縫線綻開鉤到趾甲的情況發生。請經常檢查是否有綻開之類的情況。

飲水瓶

餐碗

地墊

其他的生活用品

●體重計

為了檢查健康，請定期測量體重。可以測量2～3kg程度的體重計比較方便。如果是廚房用秤，就能以g為單位精準地測量。將雪貂直接放在體重計上較不易測量，還是先放進籠子或竹簍裡再做測量吧！

●溫度計、濕度計

雪貂不耐熱，比較耐寒，不過太過寒冷，或是空氣過度乾燥也不好。由於空調的設定溫度和雪貂所在處的溫度可能會有差異，最好將溫度計和濕度計安裝在籠子旁邊來做測量。

如果有最低最高溫度計，當人不在家時，就可以知道溫度上升（下降）了多少，比較方便。

●提袋

用於帶往動物醫院時，或是旅行、帶出去玩的時候等等。有用軟質布料做成的軟袋型，和用硬材質做成的硬箱型。

硬箱型可以在內側設置便盆容器和吊床，適合長時間的移動；軟袋型則適合短時間的移動。

最重要的是，要避免讓雪貂產生「被關入」提袋裡的想法。例如平日就要在提袋中給牠零食什麼的，讓牠產生好印象。

●季節對策商品

在籠內的暑熱對策、寒冷對策上，可以使用保冷板和寵物電熱毯等商品。寵物電熱毯也可以用於高齡雪貂，或是年幼的雪貂要迎接寒冷季節時。最好選擇安全性高的製品。另外，夏天時必須要有空調，只靠保冷板類是不夠的。

●胸背帶&牽繩

帶到戶外散步等時是必需的。有很多雪貂都不喜歡，因此不要突然就在戶外使用，而是要在家中先充分練習過。例如邊給予零食邊做練習等，讓雪貂對胸背帶產生好印象。

胸背帶如果太鬆，雪貂就會輕易逃脫。配戴的時候，要調整到可以伸入約1根手指的鬆緊度。項圈並不適合雪貂。

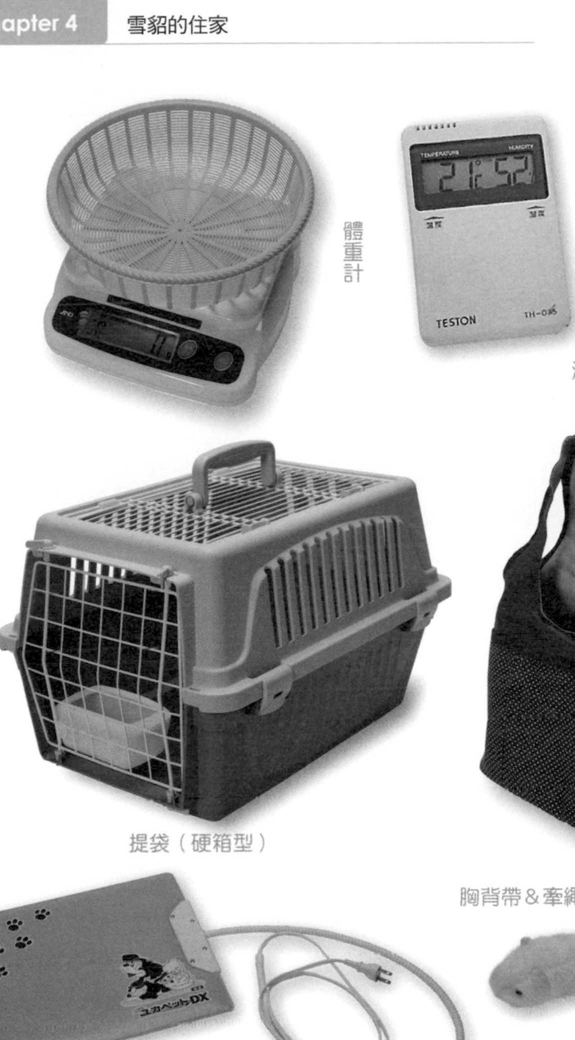

體重計

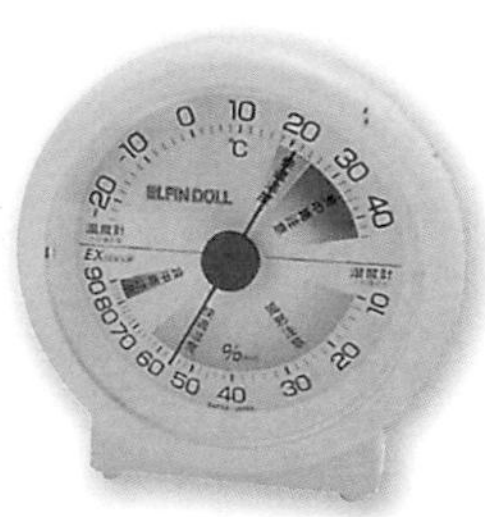

溫度計、濕度計

提袋（軟袋型）

提袋（硬箱型）

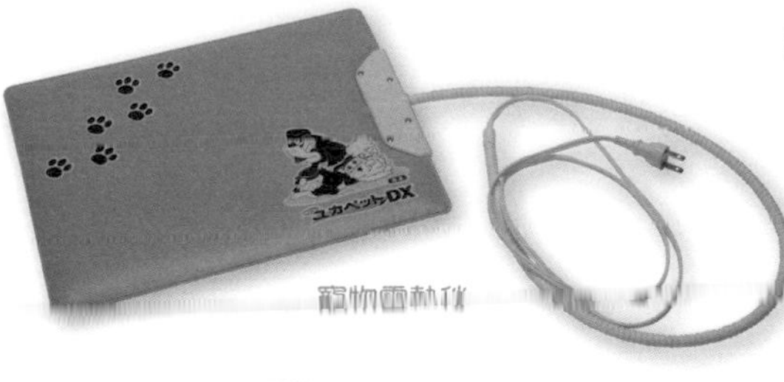

寵物電熱毯

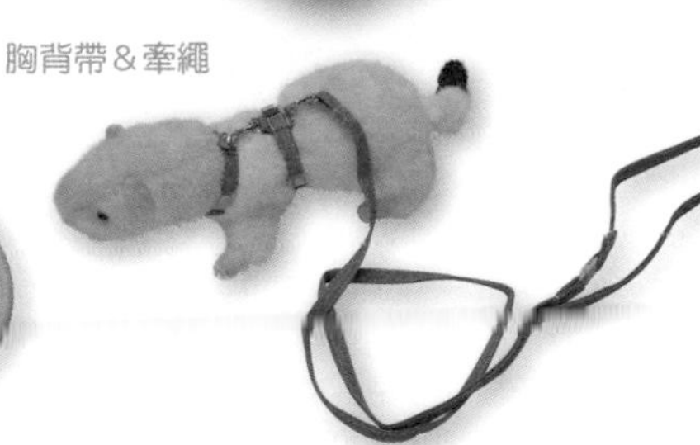

胸背帶&牽繩

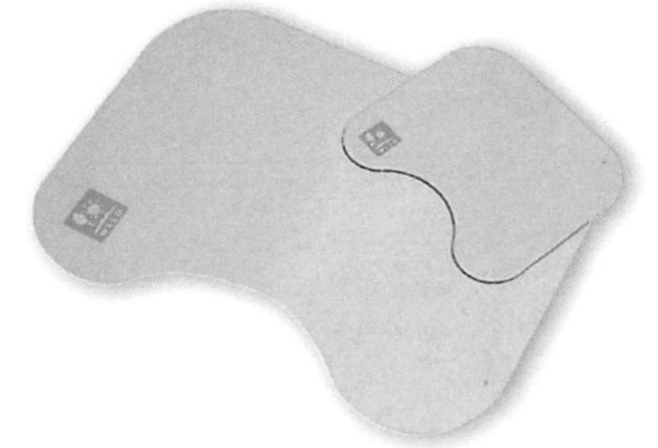

保冷板

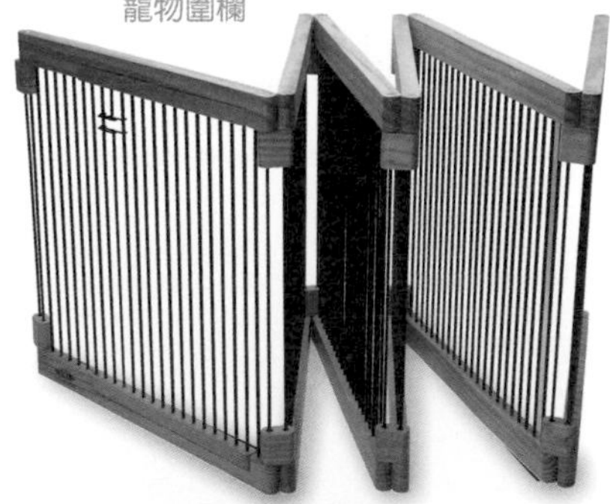

寵物圍欄

●寵物圍欄

用於要在特定空間區隔出雪貂的遊戲場所的時候等。請選擇有一定高度、雪貂無法跳起來逃走的製品，以及無法從鐵絲網隙縫逃走，具有穩定感、即使推撞鐵絲網也不會輕易倒下的製品。犬用的寵物圍欄由於鐵絲網的隙縫太大，雪貂很容易就會逃脫出去。挑選的時候必須注意。

●扣環

安裝在籠門以防脫逃。當籠子還很新的時候，籠門的扣鎖可以關得緊密，不過隨著時間的經過，可能會逐漸變鬆。請使用扣環緊緊地關好籠門吧！

●防咬噴劑

防止雪貂啃咬家具等使用、帶有強烈苦味的噴劑。不過有時對某些雪貂不太有效，或是會有連續使用後漸漸習慣味道的情形，所以必須同時採取其他對策，讓雪貂在物理上無法接近不想讓牠亂咬的場所等。

●除臭用品

在雪貂的臭味對策上，有清掃時等使用的寵物用除臭噴劑，或是使用放置型除臭劑的方法。請選擇萬一雪貂舔舐或是不小心沾附在身體上時仍然安全的製品。

●化毛膏

市面上販售有避免脫落毛堆積在消化道內、預防性給予的膏狀化毛劑。由於終究是預防性質的產品，所以如果在脫落毛大量堆積，或是好像吞下異物時給予的話，只會得到反效果，必須注意。最好也同時進行將脫落毛去除的梳毛對策。

●美容用品

請先準備好雪貂在美容護理上必需的用品（詳細在１０７頁）。

洗毛精類：選擇低刺激性的產品。也有護毛劑和乾洗劑等。

梳子類：有橡膠刷和針梳、獸毛刷和雙齒排梳等種類。

趾甲剪：準備小動物用的。

牙刷：除了牙刷型和捲在手指上使用的產品之外，也有只要在口中滴入1滴即可的口腔護理用品。

潔耳液：滴入耳朵內側使用的耳朵清潔用品。

扣環

防咬噴劑

化毛膏

針梳

洗毛精

趾甲剪

雙齒排梳

牙刷

滴入型口腔護理用品

潔耳液

遊戲用品

來為聰明且好奇心旺盛、最喜歡玩耍的雪貂準備各種不同的遊戲用品吧！尤其是能夠邊玩邊讓牠想起原本生活型態的玩具，都能讓雪貂興奮不已。

多隻飼養時，雪貂彼此間可以藉由遊戲來紓解壓力，但若是單隻飼養的情況，最好還是由飼主陪牠玩，或是打造出只有1隻也能自己玩的環境。不要讓牠過得單調又無聊，快樂又具刺激性的生活對雪貂來說是必需的。

●可以鑽入的玩具

可以滿足雪貂以地道做為生活圈這個本能的，是管子和隧道的玩具。可以組合成各式各樣的形狀來玩。最好經常清洗，以保持衛生。使用聚氯乙烯塑膠管等非雪貂專用的製品時，請選擇口徑有充分寬度的。

●挖掘的玩具

在瓦楞紙箱或小型犬用泳池、水桶等具有深度的容器中放入玩具類（市面上也售有用玉米粉製的挖掘專用玩具），讓雪貂挖掘或是鑽入其中地玩遊戲。這樣的遊戲也和牠們挖掘地道的本能是相通的。

●啃咬&滾動&嬉鬧玩具

或咬或滾，或是互相嬉鬧著玩的玩具，會刺激雪貂做為狩獵獸的本能。也可以使用貓狗用的玩具，不過必須選擇沒有不慎吞入的危險性的製品。附有鈕扣等容易脫落的小零件，或是材質柔軟很快會被咬碎的東西，都有誤吞而導致腸阻塞之虞。另外，小橡膠球有整個被吞入的危險，請不要使用。

玩過後的玩具應檢查是否有損壞。還有，為了預防老舊的零件變得容易脫

落，也為了讓喜新厭舊的雪貂高興，不妨適時為牠準備新的玩具。

●其他的玩具

空的瓦楞紙盒、紙袋、舊牛仔褲或是捲成團狀的襪子等，對雪貂來說都是很好的玩具。

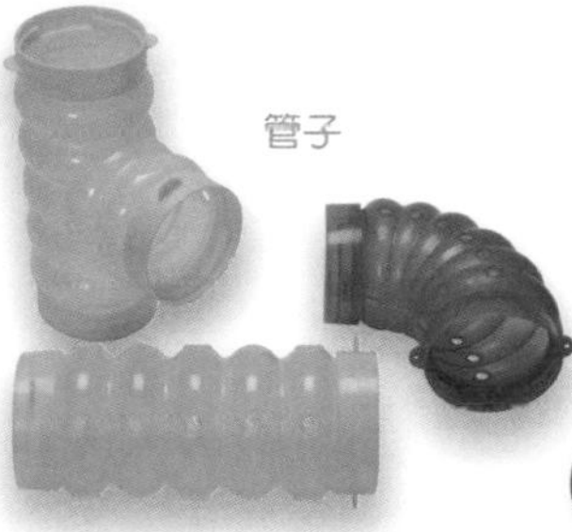

管子

隧道

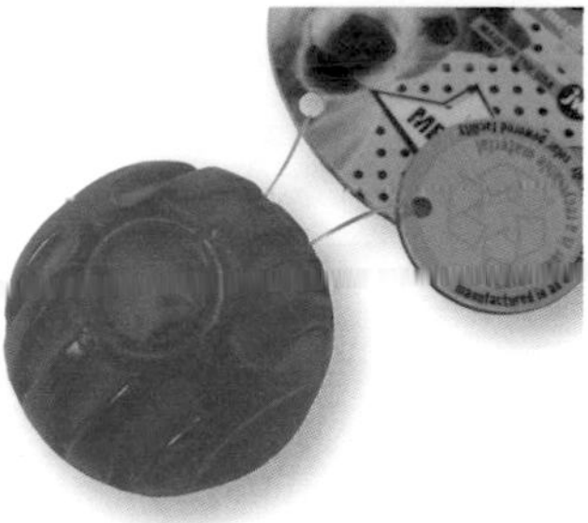

逗貓棒

啃咬＆滾動玩具

啃咬玩具

設置雪貂的住家

在此要介紹住家設置的例子。一邊考慮所使用的籠子和雪貂的個性，打造出生活方便的住處吧！

□籠子底部若有鐵絲網就拆掉，鋪上布類等可以保護腳的材料。

□在籠子的角落放置便盆，全面鋪上便砂。不須鋪得太厚。

□設置睡鋪。吊床請避免掉落地牢牢固定在容易爬上的場所。用一個籠子飼養數隻雪貂時，請準備數個睡鋪。即使是單隻飼養，如果籠子的空間足夠，也可以準備吊床和放置在地板上的睡鋪。

□放置餐碗。要放在遠離便盆，以及飲水瓶的水不會滴落的位置。如果放在籠門附近，要拿進拿出時會比較方便。

□安裝飲水瓶。請設置在遠離便盆，和餐碗也稍有距離的地方。要安裝在雪貂容易飲水的高度，並確認其實際飲用的情況。

□溫度計、濕度計請設置在籠子旁邊。

□籠門如果不緊，最好安裝扣環，以防止脫逃。

□從籠子上方垂吊玩具，或是放在地板上。

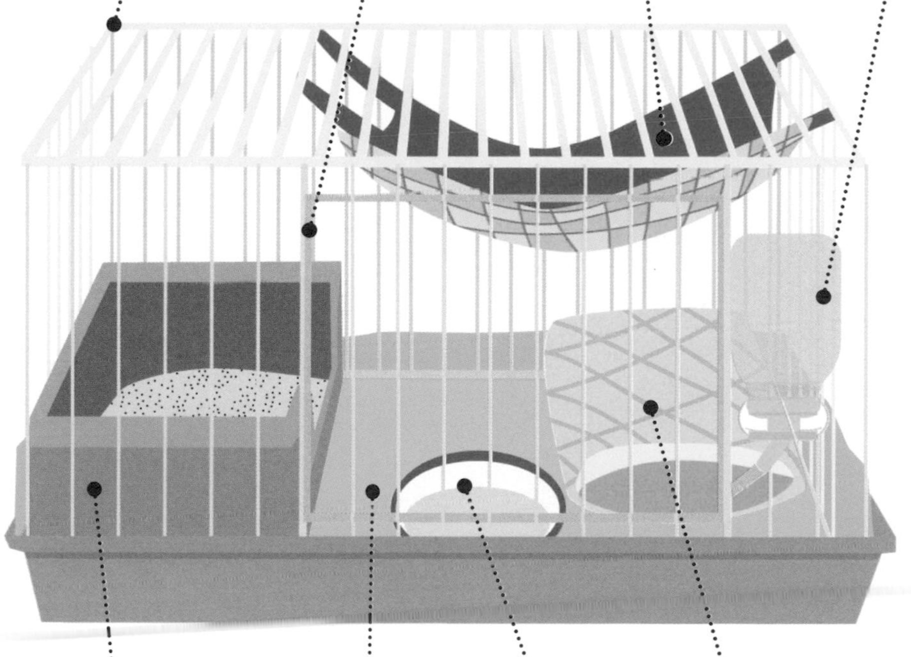
溫度計、濕度計
要設置在籠子附近。
避免掉落地將吊床固定
在容易爬上的地方。
籠門關不緊時，
也可以使用扣環。
飲水瓶要設置在
容易飲用的位置。
便盆要設置在
籠子的角落。
也可以準備
數個睡鋪。
拆掉底部的鐵絲網，
鋪上地墊。
餐碗要放在飲水瓶的
水不會滴落的位置。

籠子的放置場所

籠子請放置在讓雪貂舒適自在、盡可能無壓力地度過的場所。一般來說，雪貂用的籠子都比較大，所以一旦設置好後，要改變場所就會很麻煩。對雪貂來說也是一樣，已經習慣之後再改變環境會讓牠無法安穩。最好在購入籠子後帶回雪貂前，就先想好籠子的放置場所。

□避免設置在一天之中的溫差非常大，或是夏天時會變得太熱、冬天時會變得太冷的場所。

□籠子要放在濕度低的地方。在容易潮濕的時期，請善加利用空調（乾燥功能）或除濕機。

□有直射陽光進入的窗邊，夏天太熱，冬夜裡則會氣溫驟降，不適合做為籠子的放置場所。不過，在冬日中做個暖暖的日光浴是件好事。也為雪貂打造可以遮陰的場所吧！

□不可以將雪貂飼養在悶熱的房間中。請在涼爽的房間裡飼養。夏天時的空調是必需的。請注意避免空調送出的風直接吹到雪貂的籠子。

□擁有白天明亮、夜間黑暗這種光週期的生活是最基本的。然而，籠子如果放置在起居室等，即便到了夜晚大多也是明亮的吧！讓雪貂回到籠子後，最好將吊床部分用布蓋起來，讓環境變成微暗狀態。如果一整天都是明亮的，或是一整天都黑漆漆的，會讓雪貂的生理時鐘紊亂，對於荷爾蒙平衡和換毛等各方面都會產生不好的影響。

□不要將籠子放置在有極大聲音或巨大震動的場所。人的說話聲、適度音量的電視聲、人的腳步聲等生活音最好要讓牠習慣，不過太大的聲響還是會讓雪貂害怕。請避免讓牠在電視或空調旁邊聽到巨大的聲音。

□雪貂在半夜或黎明時分可能會變得活潑，發出噪音。如果要將籠子放置在寢室中，請先有所覺悟。

□請避免放置在會遭遇到和雪貂還不熟的狗或貓的場所。可能會隔著籠子打架。

□家裡有養倉鼠或兔子、小鳥等時，建議不要將籠子放在同一個房間。對這些小動物來說，雪貂無疑會成為精神壓力的來源；而從雪貂的角度來看，無法狩獵作為捕食對象的動物，或許也會造成壓力吧！

□請在非密閉的環境、通風良好的場所飼養。可以使用空氣清淨機，而打開窗戶換氣也很重要。

□冬天時的隙縫風會成為呼吸器官疾病的原因。請避免在經常出入的門邊放置籠子，造成每次出入冷風就從走廊灌入的情況發生。

□請將籠子放置在沒有化學製品等刺激性氣味的場所。怠於清掃雪貂的便盆會使得阿摩尼亞的濃度變高，會對雪貂的呼吸器官等帶來不好的影響。

我家雪貂的住處巧思

用面紙套做為睡袋

配合設置場所和隻數，自己用鐵絲網打造籠子。出入口是以前使用過的籠子的門。還有，將刷毛布鋪在面紙套的底部，做為睡袋。我家的3隻每天就是這樣過生活的。（えりんごさん）照片1～4

籠子專用空間＆換氣口

正值新居落成，就在起居室設置了雪貂專用籠子的空間。在壁面收納的下部空出了可立起市售圍欄的空間，設置了2個90×60 cm的圍欄。天花板處安裝24小時換氣的換氣口，也兼做為臭味預防對策。

（さちさん）照片5、6

放置在房間的便盆是百圓商品

為了避免牠爬到室內的高處而設置了障礙。希望保持堅固的地方使用的是膠合板，以彈跳為目的場所則使用碰撞也不會疼痛的材質（塑膠製的柔軟文件夾、文具墊板等），通稱為「雪貂彈簧床」！稜角全部剪成圓弧形，讓雪貂即使撞到也不至於受傷。

還有，讓牠在房間裡遊戲時使用的便盆，是百圓商店販賣的塑膠盆。用美工刀切割成如同市售的雪貂便盆一般，再用砂紙磨平切口。只要先用奇異筆等畫上記號，然後將美工刀的刀片加熱，就能輕易切割。形成稜角的部分考慮安全性，裁切成圓弧形。

（ぴのこさん）照片7

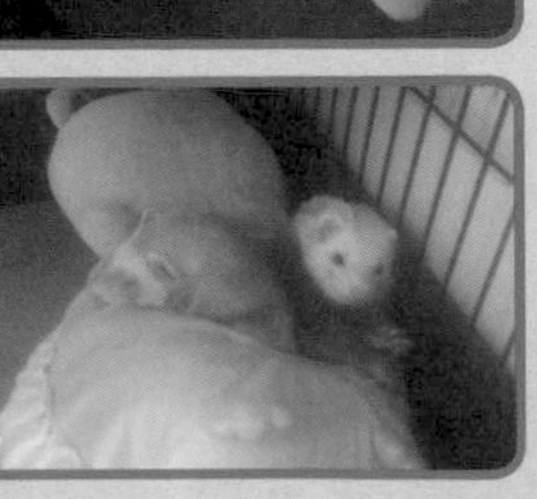

在和室生活必須注意的事項

我家整間都是和室，雪貂們會像貓一樣打開紙門。因此，不希望牠進去的地方就用伸縮棒頂住拉門或紙門，讓牠進不去。另外，因為是和室，一切擺設都處在較低位置，因此會儘量將東西放置在雪貂碰觸不到的高處。

垃圾桶雖然有附蓋，雪貂還是能輕易進入。「從垃圾桶中冒出來打招呼」是常有的事（笑）。

（ネコみみさん）

不放置危險的物品

我會讓牠在起居室玩，並且儘量不放置危險的物品。電視用壁掛的，以免雪貂亂咬電線類，還有垃圾桶也是附蓋的。筆筒和其他的小東西也都收納在雪貂無法碰到的高處。

（にゃいるさん）

讓牠獨自看家也不無聊

把籠子增建變成了2樓房。白天因為工作，雪貂就待在籠子裡，不過我特地下了點工夫讓牠不會無聊。2樓部分安裝了隧道吊床，然後從上方懸掛玩具。因為牠會故意在底部小便，所以鋪上了地毯。

（柚羽里さん）

籠子是在百圓商店買的

我家是將一間房間做為寵物房兼客房。來我家的人幾乎都很喜歡動物，有很多人都是特地來看我家寶貝的。這間房間除了籠子、桌子之外，還放了一台電視，並且還打造了一個有點像貓塔般的東西（像是雪貂版的貓跳台之類的東西）。

籠子的材料是在百圓商店裡買的。我希望可以儘量用大一點的籠子，不過這樣一來高度也會增加，而雪貂並不需要這麼多高度，所以就試著親自動手做。外觀雖然不是很好看，不過不僅容易進行照顧，雪貂們也可以愉快地生活。

（前川くるみさん）

夏天使用水袋

為了避免花錢，所有的吊床都自己做，夏天時，在百圓商店等購買水袋，裝水讓牠消暑。冬天時則使用刷毛布吊床和寵物電熱毯。籠子方面也會蓋上桌布，讓冷風不會吹入。

（みくろんさん）

column 4

手工吊床 by小花

在雪貂飼主中，有很多人會自己做吊床。接下來要介紹的，是讓「既沒有縫紉機！也不擅長裁縫！」的人也能輕鬆完成的吊床製作法。

要準備的東西

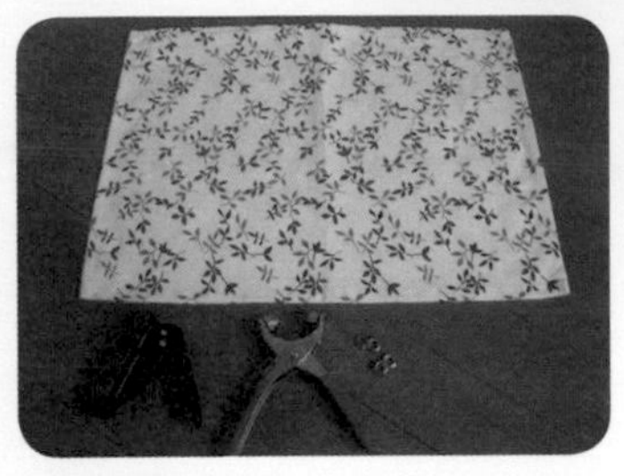

餐墊布……… 1塊
雞眼………… 4個
S形鉤 ……… 4個
雞眼鉗
打洞器
等

※雞眼的尺寸和S形鉤請配合打洞器的洞孔大小使用。
※為了預防雪貂受傷，S形鉤最好使用塑膠製品。

所有材料都能在百圓商店買到哦！請試試看吧！

製作方法

事先多做幾塊，接著只要安裝在S形鉤上，就可以隨時更換清洗了，非常推薦！

準備配合雪貂籠子大小的布（在此使用餐墊布。除此之外，也可以使用大手帕等。選擇厚一點的布料比較堅固耐用）。

② 用打洞器在布的四個角落打洞。

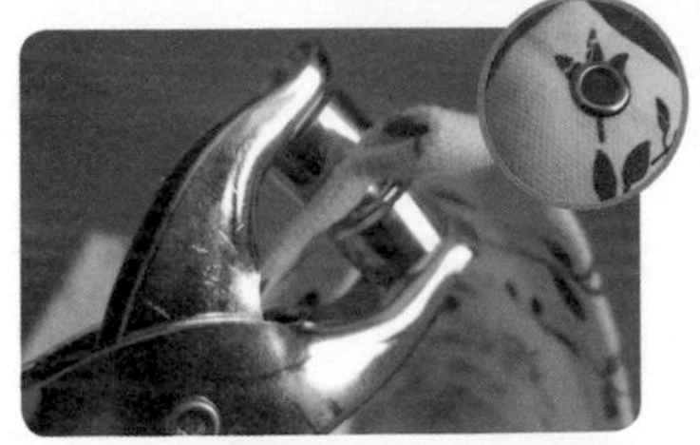

③ 在②開好的四個洞孔上，用雞眼鉗嵌入雞眼。

④ 將S形鉤穿過③的雞眼。

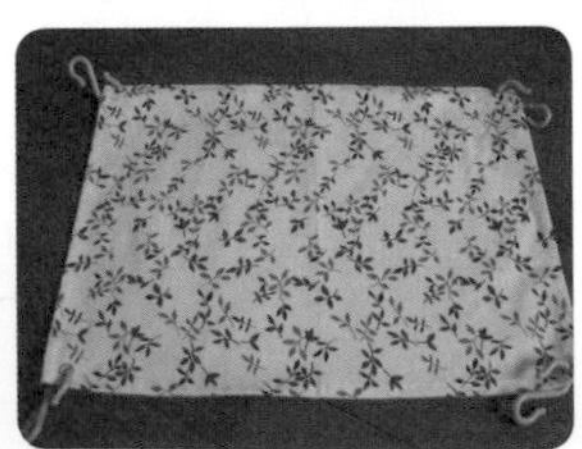

⑤ 四個角落都穿過，就完成手工吊床了。

睡起來好舒服，晚安囉！

第 5 章

雪貂的飲食

feeding ferrets

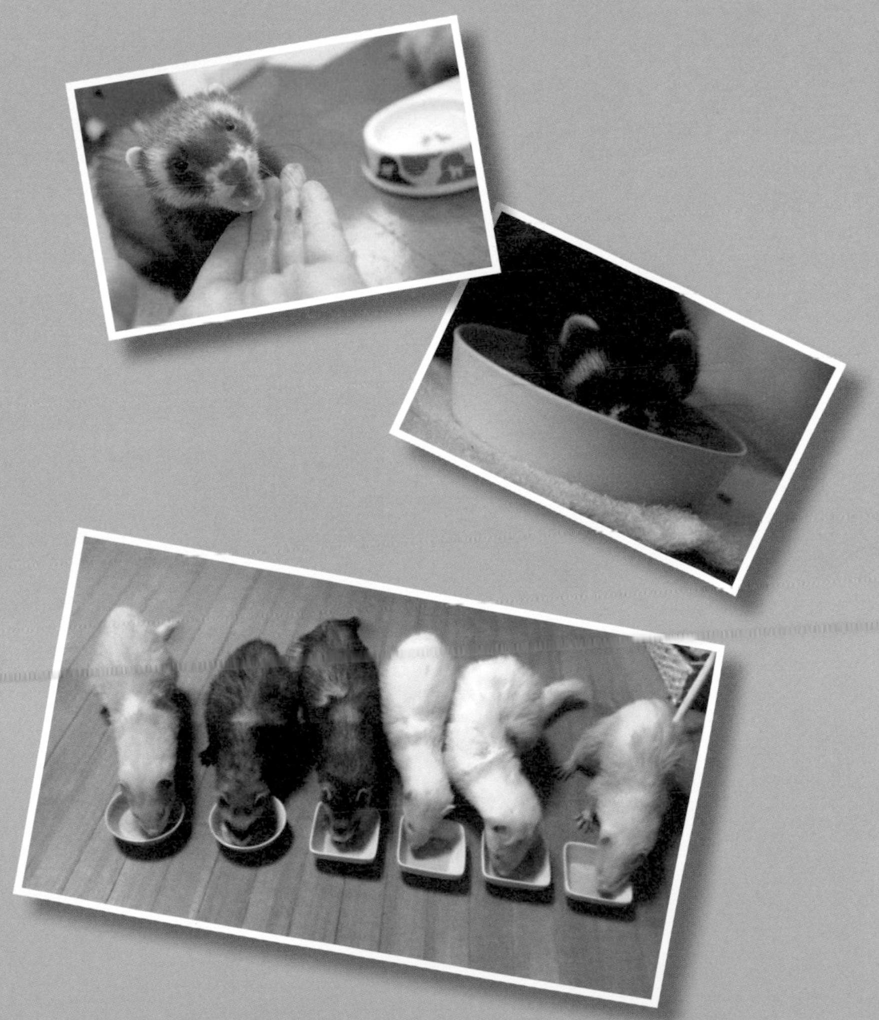

基本的營養

5大營養素

不管是雪貂還是人，所有的動物都是要吃東西，以食物做為營養而存活的。進入口中的食物會在腸道內消化・吸收，經過代謝後在體內被合成・分解成有作用的形態。就像這樣，食物會成為能量來源、構成身體的成分，以及荷爾蒙和神經傳達物質等生理活性物質的成分，育成動物的身體。

動物必需的成分稱為營養素。各種營養素擁有各種不同的功能，也有相互關係，例如有些營養素如果沒有其他的營養素就無法好好地作用。動物的成長、健康、壽命和繁殖、免疫力等，都和能否攝取適當的營養素息息相關。

作為熱量來源的碳水化合物和脂質、蛋白質稱為「3大營養素」，和不會成為熱量來源卻是生存上不可欠缺的維生素、礦物質合稱為「5大營養素」（加上水也有人稱之為「6大營養素」）。

●蛋白質

蛋白質是構成皮膚和肌肉、毛髮、指甲、骨骼、內臟等的成分，也是和酵素、荷爾蒙、免疫力等相關的營養素。它是構成動物身體最多的成分，人體有18％是由蛋白質所形成的（其他動物大致上也是相似的數值），同時它也是熱量的來源。

蛋白質係集合了20種胺基酸的成分所組成的。胺基酸大致可分為在體內合成的非必需胺基酸，以及在體內無法合成或是合成量極少而必須由體外攝取的必需胺基酸2種。

雪貂的必需胺基酸目前尚不清楚，不過貓的必需胺基酸應該可以做為參考（參照左頁）。其中精胺酸和牛磺酸在動物性食物中含量較多，所以給予動物性飲食是非常重要的。

貓的必需胺基酸和主要機能

精胺酸	和成長荷爾蒙的合成有關，和體脂肪代謝有關，幫助免疫反應，強化肌肉
組胺酸	和成長有關，輔助神經機能
白胺酸	提高肝臟機能，強化肌力
異白胺酸	促進生長，輔助神經機能，擴張血管，提高肝臟機能，強化肌力
纈胺酸	和成長有關，調整血液中氮的平衡，提高肌肉、肝臟機能
離胺酸	修復組織，和成長有關，和葡萄糖的代謝有關，提高肝臟機能
甲硫胺酸	降低組織胺的血中濃度，改善憂鬱症狀
苯丙胺酸	生成神經傳導物質，提高血壓，鎮痛作用，抗憂鬱作用
蘇胺酸	促進生長，預防脂肪肝，又名羥丁胺酸
色胺酸	成為神經傳導物質的原料，安定精神，鎮痛效果
牛磺酸	和神經機能與腦部發達、視網膜與心肌機能的維持有關

評鑑蛋白質品質的基準為胺基酸分數（protein score）。必需胺基酸越是均衡，且各種必需胺基酸都含量充分，就越接近滿分（100分）。即使胺基酸中的某一種特別突出，但如果其他的胺基酸含量少的話，該少量的胺基酸就會成為評分的標準。胺基酸分數為100分的食品有：雞里肌肉、肝臟、雞蛋等。（胺基酸分數是以人做為對象算出的，但也可以在選擇雪貂的副食品時做為參考數值）。

一旦缺乏蛋白質，就會引起生長遲緩、消瘦、被毛和皮膚狀態惡化、免疫力降低等症狀；過度攝取則會轉換成醣質和脂質，成為肥胖的原因。

●脂質

和蛋白質與碳水化合物相比，脂質是更有效率的熱量來源。除此之外，它也是形成細胞膜、血液、神經組織、荷爾蒙等物質的材料，能夠形成和免疫相關的物質，具有保護血管、幫助脂溶性維生素吸收的作用。也是體內無法合成的必需脂肪酸的供給來源。

必需脂肪酸有亞麻仁油酸、γ-亞麻油酸、花生四烯酸和α-亞麻油酸。雪貂的必需脂肪酸雖然尚不明確，不過就貓隻來說，亞麻仁油酸、α-亞麻油酸和花生四烯酸都是必需脂肪酸。

脂質一旦缺乏，就會發生熱量不足、痊癒力降低、皮膚乾燥等症狀；過剩則會成為肥胖的原因，或是容易引發脂肪肝和高脂血症。

●碳水化合物

碳水化合物分為熱量來源的醣質和在營養方面不具作用的纖維質。

醣質方面有單醣類（葡萄糖、果糖等）、低聚醣類（蔗糖、寡糖等）、多醣類（澱粉、肝醣等）。除了成為熱量來源外，也會儲存在肝臟和肌肉中。醣質不足會造成熱量缺乏，過剩則會成為肥胖的原因。

至於纖維質，動物擁有的消化酵素無法加以分解，不過有些動物可以藉由腸內細菌來分解，轉變成營養。

纖維質雖然無法成為營養素，卻有助於刺激腸道機能、排出腸內的有害物質，具有將消化道內的環境調整為正常的作用。纖維質一旦不足，就無法期待這些機能，而過剩則可能會發生下痢或鼓腸症。

●維生素

維生素雖然無法成為熱量來源或是身體的構成成分，卻是擁有非常重要功能的營養素，只要微量就有助於代謝，也和身體機能息息相關。雖然能夠在體內合成（例外的是靈長類和天竺鼠無法合成維生素C），不過光只有這樣是不夠的，所以必須從食物中攝取。

維生素分為水溶性維生素和脂溶性維生素。水溶性維生素（維生素B群、C）因為可溶於水，會隨著尿液一起排泄出去，所以很少會有過剩的情形，卻容易缺乏。脂溶性維生素（維生素A、D、E、K）可溶於脂質，會儲存在肝臟中，所以不易缺乏，卻有容易過剩的特點。

●礦物質

礦物質是存在於體內，除了碳、氮、氧、氫以外的元素。雖然必需的量很少，卻擔負著成為骨骼和牙齒等身體的構成要素、做為電解質參與滲透壓等的調節、構成酵素和荷爾蒙以調節身體機能等等重要的任務。

礦物質依據體內的存在量，分為主要礦物質和微量礦物質。主要礦物質是鈣、磷、鎂、鉀、鈉、氯、離子。在動物體內的礦物質中，鈣和磷就佔了70％以上。微量礦物質則有鐵、鋅、銅、鉬、硒、碘、錳、鈷、鉻。

雪貂的飲食

野外下的食性

在考慮動物的飲食時，最重要的是「牠原本吃什麼?」，以及「牠的消化道是適合吃什麼的?」。

野生雪貂（歐洲雞鼬、艾鼬）會吃兔子和囓齒目動物、鳥類、爬蟲類和兩生類、鳥蛋、昆蟲等。根據艾鼬的研究報告，其所吃的食物大約有80%是囓齒目動物，但在缺乏食物時似乎也會吃水果等。還有，在捕食動物時，內臟也會一併吃掉，不過在消化道內分解時靠的是該動物的腸內細菌，對於本來無法消化植物的雪貂來說，也能成為營養來源。

看看牠的消化器官即可得知，牠們的牙齒有犬齒和裂齒這些肉食動物的特徵；腸子短，也沒有盲腸，適應的是可以在短時間內消化吸收的肉食。

雪貂必需的營養內容

適合雪貂的飲食，第一必須是適合「肉食性」的食物。充分含有動物性蛋白質和脂質的飲食是必要的，而碳水化合物則並不是那麼需要。蛋白質也有來自於植物的，不過雪貂需要的是動物性蛋白質。胺基酸中的牛磺酸也是必需的，在雪貂飼料中通常都有添加（必須確認成分標示）。

動物性蛋白質……… 30～35%

脂質…………………… 15～20%

雪貂的主食

●基本上是雪貂飼料

野生的雪貂（雞鼬）會捕食兔子和嚙齒目等小動物。若要說終極理想，以這些小動物做為主食應該是最好的吧！只不過，這在現實上是行不通的。雖然能夠自行購買肉類為主的各種食材來餵食，但是手作餐點的問題之一就在於很難維持適當的營養均衡。

因此，推薦做為主食的是雪貂用的乾糧。以往曾經用貓糧來做為雪貂用的食物，但現在可以安心讓雪貂食用的專用飼料已經大為增加了（考慮到災害等緊急時無法取得雪貂飼料的情況，這時請將主原料為獸肉且高蛋白、高脂質的貓糧也加入選擇項目）。

因為雪貂所需的原料全都混合在一起了，所以不同於以單品給予食材的情況，也就是說雪貂每吃一口飼料，都能攝取到均衡的營養。

此外，飼料也不像生鮮食物般在保存時要特別注意（飼料保存的注意事項→82頁）。任何人都能夠輕易地餵食，而且攜帶也方便。拜託其他人照顧時，若是使用雪貂飼料也會比較輕鬆吧！

●雪貂飼料的選擇法

雪貂飼料的種類很多，有日本國產品牌和進口品牌，讓人不知該如何選擇。為了雪貂的健康，最好要練就挑選好飼料的眼光。

選擇雪貂飼料的標準之一，就是飼料上標示的內容。標示內容是由寵物食品公平交易協議會制定的「寵物食品標示相關公平競爭規約」所設定的。但標示只以貓、狗食用的狗糧和貓糧做為規範，雪貂飼料並不在範圍內；不過飼主還是應該要知道，以做為選擇優質飼料時的基準。

依照規約，必須標示的內容有（以狗糧、貓糧為例）：

(1)寵物食品的名稱

要標示出商品名稱和對象動物。

(2)寵物食品的用途

「綜合營養食」、「零食」、「處方糧食」等等。可以標示為綜合營養食的，是做過公平競爭規約施行規則所規定的分析測驗和餵食測驗的食品。也要標示出「懷孕期／授乳期」、「幼犬期．幼貓期／成長期／growth」、「成犬期．成貓期／維持期／maintenance」、「全成長階段／all stage」等不同的成長階段。

(3)內容量

(4)給予方法

如果是綜合營養食，須標示成長階段、體重、給予次數和給予量。

(5)保存期限

要標示出不超過3年的期限。

(6)成分

標示出粗蛋白質（○%以上）、粗脂肪（○%以上）、粗纖維（○%以

雪貂飼料的檢查重點 check!

- ☑ 是否有成分標示？是適合雪貂的成分（參照75頁）嗎？
- ☑ 是否標示含有添加物的原料？標示的主成份是動物性的原料嗎？
- ☑ 是否標示保存期限？
- ☑ 是否容易購得？
- ☑ 能夠在商品循環快的店家購得嗎？
- ☑ 是值得信賴的廠商製造的嗎？

下）、粗灰分（○%以下）和水分（○%以下）。

（7）原料名

標示出所有使用的原料，各原料的標示順序就是使用量多寡的順序。

（8）原產國名

標示出「國產」或是具體的原產國名。原產國指的是完成最後加工程序的國家。

（9）事業者的姓名或名稱及住址

除了這些標示之外，是否添加防腐劑或色素等添加物？是否使用遮光性或密封性高的包裝？等等也都是重點。還有，容量是不是多到不知何時才能用完？是不是隨時都能輕易購得？這些也是重點。在選擇進口品的時候，不要選擇平行輸入品，而是要選擇以正規途徑進口的商品。平行輸入品在安全性和信賴面、責任歸屬等方面都是有疑慮的。

雪貂專用的乾飼料

貓飼料

雪貂的副食

這裡所說的副食，定義為可補充動物性蛋白質的食品（就是所謂的「零食」，參照83頁）。

如果選擇品質好的雪貂飼料，只要有飼料和水就可以飼養了。

不過，雪貂（雞鼬）本來在野生下就不是吃乾糧而是吃各種食物的，而且一般來說，讓牠知道嗜口性高於乾糧的美味食物，也可以做為食慾不振時的對策；此外，也有助於提高飲食中所含的動物性食物的比例。綜合各方面考量，還是建議要給予雪貂副食品。

●增加口感的變化

雖然雪貂飼料營養均衡，能輕易攝取到多種原料，不過雪貂本來就不是吃酥脆乾燥、小粒食物的動物。就算泡開後給予，也幾乎不會有咬勁、口感的變化。給予動物性的副食，可以讓雪貂體會撕裂（雪貂裂齒原本的功能）這種吃飼料時無法體會的吃法。

●增加嗜口性高的食物

沒有食慾時，吃最喜歡的食物或許可以恢復食慾（如果原因是疾病，也請做治療）。零食裡面有很多雪貂喜歡的東西，不過請先從動物性的食材中製作牠最喜歡的食物。

雪貂對新的味覺非常敏銳，所以長大之後才給予新鮮少見的食材，牠可能會不吃。出生2個月後，不妨少量地試著給予。給予初次吃的食材後，請檢查是否有下痢之類的情形。

●注意營養均衡

由於除了雪貂飼料之外還會給予副食，若是過度給予，就可能變得肥胖。如果將雪貂飼料做為主食，就嚴禁過度給予副食。須注意避免雪貂光吃副食而忽視主食的情形發生。給予的方法有在一起玩的時候像零食一樣用手餵食，或是在遊戲結束要讓牠回籠子的時候給予等。先決定好副食一天只限1大匙吧！

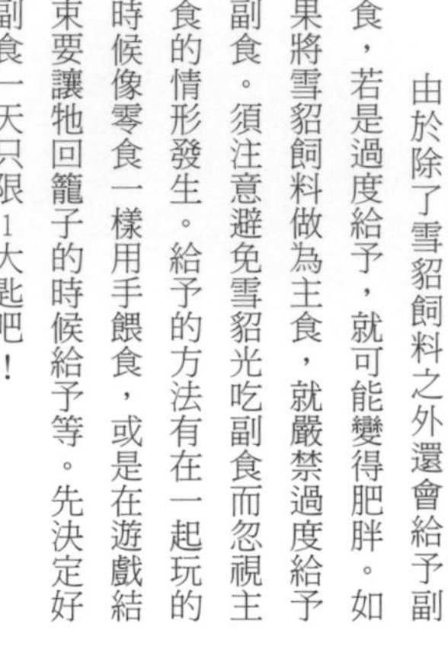

●副食的菜單

副食要從動物性食材中選擇。最普遍的有雞里肌肉（水煮、火烤）、肝臟（水煮）、水煮蛋和山羊乳等寵物奶。

在作為「零食」販賣的食品中，以無調味處理的動物性食材也可以加入副食的菜單中。

近年來，親手烹調愛犬的飲食蔚為風潮，市面上也售有各種可讓飼主親自烹調的食材，這些食材也可以給予。

也有西洋書籍提出以麵包蟲、蟋蟀、老鼠或大鼠等作為副食。這些東西在爬蟲類專門店都有販售以做為食餌（一般是冷凍的），是最接近雪貂實際獵物的食材。飼主如果不會抗拒，或許也可以偶爾給予。

生鮮的食材，只要是人可以生吃的東西都可以給予，不過若沒有吃完則須立即清理掉，要注意衛生管理。

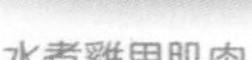
水煮雞里肌肉

水煮蛋的蛋黃

水煮肝臟

飲食的給予法

● 關於飼料的種類（數量）

雪貂飼料原本就是特地設計成只要有該飼料和水就能健康飼養雪貂的商品，因此給予多種類的飼料，並不是飼料廠商推薦的給予方法。

不過，該種飼料或許會因為某種原因而突然買不到。這時，只吃過一種飼料的雪貂可能會拒絕吃其他的飼料。為了讓牠從平日就擴大嗜吃品的範圍，經常讓牠換吃好幾種雪貂飼料也是一種方法。

● 飼料的給予量

雪貂飼料以包裝上標示的分量，雄性一天約50～70g，雌性一天約40～60g做為大致標準。如果雪貂顯出想要吃更多的樣子，就邊觀察情況邊做調整。

● 飼料的給予次數

雪貂是一天要吃好幾次的動物。由於消化時間短，大約只有4個鐘頭，吃完後立刻排泄，所以飲食間隔一長，就會形成肚子裡面完全空腹的狀態，會讓熱量中斷。

因此，對雪貂一般是採取少量多餐的不間斷餵食（一天5～10次）。也就是少量地分成數次給予，在雪貂想吃的時候一定要有飼料供應的狀態。

雖然本書是建議這個方法（不間斷餵食），不過另一方面，如果是在野生狀態下，捉不到獵物時大概也會有空腹的時間吧！所以不用不間斷餵食，而是在固定時間少量多餐，這樣的餵食方法也可以考慮。

● 針對幼貂的給予法

如果飼料有分成長階段的話，請選擇成長期用的。

剛帶回家的幼貂，必須給予泡軟的飼料。剛開始要給予和在店家吃的飼料相同的種類。如果想改用其他的飼料，最好等雪貂穩定下來後，再慢慢進行更換。

如同前面所說的，等過了2個月後，就是讓牠習慣各種食材的好時期。

● 針對高齡雪貂的給予法

如果飼料有分成長階段的話，就更換成老貂用飼料。牙齒若是衰退了，就必須用水泡軟後給予。脂質和蛋白質請勿過度給予。

 關於飲水

給予飲水最好用飲水瓶。經常給予乾淨的水，每天至少更換一次。真的不用飲水瓶飲水時，再用盤子給水。因為容易因掉入飼料等而髒污，所以請經常更換。飲水量也會因為給予的飲食而不同。給予水分多的飲食時就喝得少，給予乾糧時就喝得多。

自來水可以直接給予，或是使用淨水器，或是預先盛水放置，也可以給予軟水的礦物水。如果在意自來水中的氯和三鹵甲烷，可以將自來水裝入水壺中煮沸，待沸騰後打開水壺的蓋子，持續沸騰約10分鐘後，放涼再給予（不過，目前已知煮沸會導致放射性碘濃縮）。

 飼料的保存

乾糧一旦開封，接觸空氣後就會開始劣化。尤其是雪貂飼料，因為脂質較多，容易氧化，所以保存上必須特別注意。

開封後，請儘量避免接觸到空氣和光線地密封起來。

如果是附有夾鍊的包裝，壓出空氣後要完全閉合夾鍊，或是移入密閉容器中。裡面要放入乾燥劑，保存在溫度和濕度低、陽光無法直接照射的場所。

大容量的飼料雖然比較便宜，不過飼養隻數如果不多的話，還是儘量購買小包裝的，儘早食用完畢。

副食方面，就算有經過加熱，一次還是以製作2～3日左右可以吃完的量為宜。不管是冷藏保存，或是加熱後冷凍保存，都請在一個禮拜以內給予完畢。

 飼料的更換

雪貂可能會拒絕第一次吃的新飼料。要將原來的飼料更換成其他飼料時，不要一次全換成新的飼料，而是要一點一點地將新飼料混合在之前的飼料中。最好要有耐性地花時間來進行吧！

雪貂的零食

這裡所說的「零食」，我想把它定義為：雖然不做為雪貂的主食或副食，卻是雪貂最喜歡的東西，如果能在注意給予方式的情況下使用，就會成為非常好用的工具。

●零食的意義

＊為了建立關係

零食是和雪貂培養感情時不可欠缺的東西。動物會和給自己吃美味食物的人變得親近。剛開始或許只是「會拿好吃的東西給我的人」，不過，用零食做為開端來拉近距離，陪牠一起遊戲，應該有助於建立關係。

＊為了增進食慾

零食也有促進食慾的作用。少量吃點喜歡的東西，有時也能產生食慾。

＊為了餵藥

餵藥的時候，也可以摻混在膏狀零食中。

＊為了刺激

好吃的零食對雪貂來說是特別的東西。例如遊戲時可以先藏起來讓牠去找等等，將零食做為日常中的快樂刺激吧！

＊做為教養的獎賞

當雪貂做到你期望的行動時，可以做為獎賞品來給予。

●零食的菜單

肉乾或是軟糖類的零食等等，市面上售有各種雪貂用的零食。雪貂也喜歡吃蔬菜或水果，只是不管給多少，都無法成為雪貂的營養來源，所以請注意不要過度給予。有些零食的大小有造成誤吞哽住喉嚨的危險，最好先切成小塊再給予會比較安心。

膏狀的營養劑須注意過度給予的問題。

肉乾類的零食

軟糖類的零食

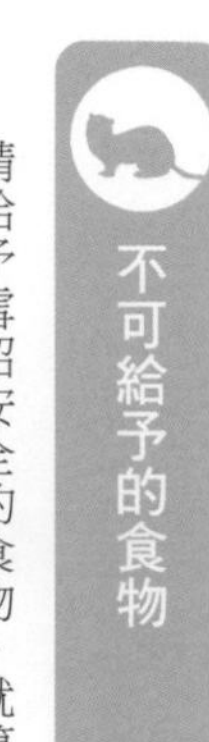

不可給予的食物

請給予雪貂安全的食物。就算是人吃了沒有問題的食物，有些東西最好還是不要給雪貂。會引起中毒危險的食物絕對不可給予。

・**馬鈴薯和蔥類**：不可給予馬鈴薯（芽和綠色的皮中含有中毒成分茄鹼）、蔥・洋蔥（中毒成分烯丙基二硫化合物）。有加洋蔥的湯類等調理食品也會產生影響。

要注意哦！

・**巧克力**：含有咖啡因和可可鹼等中毒成分。

・**人的食物**：調理過的食物、糕餅、果汁、酒類等都不可以給予。

・**腐敗的東西**：腐敗的食物、發霉的食物都不可以給予。

・**牛奶**：雪貂長大後，體內用來分解牛奶中乳糖的酵素就會消失。奶水類請給予寵物用的。

・**太熱的食物・太冰的食物**：加熱過的食物請放涼後給予，冷凍過的食物則在回溫後給予。

・**大量的蔬菜和水果**：如果要給予，少量就好。水果乾容易堵塞住喉嚨，最好避免。

雪貂的高營養食物

當雪貂因為生病而體力不繼時，或是正值病後的恢復期、上了年紀等，無法好好地攝取一般飲食時，就必須給予營養價值高的飲食，讓牠恢復體力。

●市面販售的雪貂用流質食品

市面上售有用水或熱水泡軟後給予的顆粒狀流質食品。重要的是要讓牠事先認識味道，或許可以偶爾淋在飼料上給予。

●膏狀的營養輔助食品

裝在軟管中的營養輔助食品是雪貂最喜歡的東西。有很多人平常就會給予，但因為熱量很高，所以須注意過度給予的問題。

●鴨子湯

鴨子湯是給雪貂吃的高營養流質食品的通稱。這在飼養雪貂有長久歷史的國家中，是自古以來就流傳下來的食譜。據說「鴨子湯（duck soup）」這個名稱是來自於第一個製作這份食譜的飼養者的雪貂名為「Lucky Duck」的關係。

基本的鴨子湯是將營養輔助食品、用水泡軟的乾糧、水、任選雞肉或香蕉等材料全部混合後，用攪拌機打成流質食物。許多人都有自己的獨創食譜。在日本，似乎有許多飼主也會給雪貂食用鴨子湯。

在營養輔助食品方面，可以使用ISOCAL、CliniCare、Nutri-Cal、Tube Diet（以上皆製品名）等高熱量營養食品。

〈鴨子湯食譜〉

A

犬用或貓用的處方食品…1罐
搗碎的南瓜…3～4盎司（約84～112g）
雪貂用營養補充品…1大匙
雪貂用益生菌營養補充品…2小匙
用水泡軟的乾飼料…⅔杯

泡軟後給予的流質食品

膏狀的營養輔助食品

全部混合後加入熱水，稀釋到可以用注射器給予的程度。如果可以用吃的，就以湯匙餵食。

（取自"Ferrets" Vickie McKimmey）

B

營養品／8盎司（約224g）…1罐

水…同量

乾飼料（用水充分泡軟）…4盎司（約112g）

任選：離子飲料、嬰兒食品（雞肉或香蕉泥）

用攪拌機充分混合，以製冰盒冷凍起來（"Original Recipe for Duck Soup by Ann Davis" http://www.hugawoozel.com/ferretcare.html）

關於手作餐點

●手作餐點的優點

在狗狗的世界裡，親手烹調食物的人越來越多。而在雪貂的飼主中，有興趣的人應該也不少吧！

市售飼料的製造過程一般人難以窺見，但如果是親自烹調，從挑選食材開始，就能自己選擇。市售飼料會以成長階段或不同犬種等進行細分，而自己烹調則可以配合當天的身體狀況來下工夫。能夠每天做變化，還可以給予當季的食材等，這些都是手作餐點的好處。市售飼料大多含有超過所需的碳水化合物，因此排便量會比較多，若是給予手作餐點，排便量就會減少。

而最重要的，或許是可以為「我家的寶貝」研究食物，添加心意來製作食物這一點吧！

●手作餐點的問題點

最大的問題應該是能否給予營養均衡的良好飲食。例如狗狗的飲食生活，從以前餵剩飯的時代變成狗糧時代後，壽命也加長了。或許是（相較於從前）營養方面獲得了大幅提升的關係。

給予營養均衡的優質飲食非常困難。飼主的努力和愛心雖然能夠「準備」均衡的飲食，卻不保證雪貂是否願意全部吃完。雖然也可以像市售飼料般全部混合在一起，不過這樣做，就無法使「撕裂咬斷」這種雪貂原本的攝食方式重現了。

雪貂絕對不是只吃單種食品的動物，所以必須準備各式各樣的食材。手作餐點既不像乾糧那麼有保存性，而且託付他人照顧的時候、帶出去旅行的時候等等，可能也會有不吃飼料的困擾發生。也必須預先考慮到自己無法準備飲食時的情況才行。

●如何導入手作餐點

親手製作餐點時，愛心是不可缺少的，不過只有愛心並無法守護雪貂的健康。關於雪貂的身體、寵物的必需營養以及食材方面，都要努力加以研習。除了要有仔細注意雪貂身體狀況的細心之外，也必須要有能夠以整個禮拜為期間考量營養均衡的宏觀，而並非以單日來進行考量。或許也可以先從自製雪貂的副食開始嘗試看看。

●生食的注意事項

在給予手作餐點的飼主中，生食（raw food）非常受到矚目。生食的優點有：消化酵素等營養成分可以在未受到破壞的情況下進入體內、容易消化等等，所以平常餵食市售飼料的雪貂，也可以做為副食給予。請從可以信賴的店家購買，並妥善保存。

我家雪貂的飲食巧思

自製雞里肌肉乾

在我家，雪貂的零食都是自己製作的。市面上販售的肉乾等零食，可能含有防腐劑或色素，如果是自製的話，應該會比較安全，所以就自己製作了。

用雞里肌肉做自己要吃的料理時，可以先分出一份來製作雪貂的零食。只要有雞里肌肉和烤箱，其他使用家裡現有的工具就能製作了。

〈作法〉

材料：只有雞里肌肉＋愛心

❶去除雞里肌肉的筋，用菜刀縱切成3～4份，稍微拍扁，讓肉更容易透熱。

❷用預熱到180度的烤箱烤約30分鐘。

❸觀察燒烤的情況，如果還不夠，就降低溫度再烤一下。

❹從烤箱中取出，充分放涼後，使其乾燥。

對下顎不太有力的小雪貂和年老的雪貂來說，就算是在烤得稍微不夠的程度下使其乾燥，只要有熟透，也能成為扎實的肉乾。因為沒有使用添加物和防腐劑，所以當天沒有吃完的要放在冷凍室保存，之後只要自然解凍後再給予即可。

（いたちareaさん）照片1～3

給牠吃油

我很少給牠零食。以前給牠管裝的營養輔助食品曾經吃壞肚子，所以……取而代之的是給予動物用的油（富含omega-3和omega-6的亞麻仁油）。藥物之類的也會用油來餵食。大約每次1茶匙的程度，持續給予一個星期後，被毛就會變得光澤亮麗。

（にゃいるさん）照片4、5

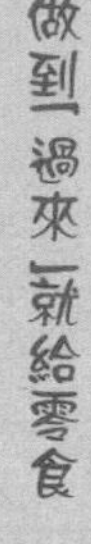

做到「過來」就給零食

我家的雪貂因為容易生病，所以儘量不給牠吃零食。一個禮拜1次，如果能夠做到「過來」，就給予少量的零食。

（星野 ルナさん）

4

2

5

3

1

親自做飯

開始飼養雪貂的6年中，都是給予自己做的食物。我會將肉類、蔬菜或水果、營養補充品混合後，用攪拌機打成泥狀，意識不同的季節來準備飲食。當季的蔬菜似乎對人和動物的身體都可帶來好的影響。冬天時，就有意識地使用羊肉等可以溫暖身體的肉品。

由於手作餐點中會使用大量的水，所以也能有效率地給予水分。或許是因為這樣吧，我家的雪貂從來沒有罹患過尿路結石。

即使是生病或是高齡的雪貂也一樣，親自烹調的食物不僅比較好入口，牠們吃起來也比較方便。剛開始從乾飼料換成手作餐點時，雪貂無法理解那是食物，遲遲不肯吃；不過只要有耐性地用湯匙等餵食，漸漸就會變得願意吃了。

飼主只要改變食譜，餐點就能做出無限變化，所以在烹調時也充滿了樂趣。

（いたちareaさん）照片6

每天換餐

詳知寵物相關資訊的朋友告訴我，從小的時候開始，就不要只給牠吃乾糧，偶爾要給牠水煮蛋或是水煮雞里肌肉。因為平常做為主食的乾糧可能會有買不到的情況，所以每大會更換食物讓牠的舌頭習慣。這麼一來，當遭遇災害等的時候，應該就不會太辛苦了。

（ネコみみさん）

使用淨水器的水

餐碗中隨時都裝有飼料，讓牠想吃的時候就能吃到。我養了2隻，都已經超過4歲了，所以飼料是給予老貂用的。

飲用水方面，從一開始飼養就是給牠們喝淨水器的礦泉水（據說是接近生理水的水）。讓我驚訝的是，以雪貂用品等的網路販售而有名的雪貂專門店，好像也有同樣的淨水器供人租借。

（あずもんさん）

飼料是混合的

我飼料是將3種混合在一起。這是為了要因應廠商突然停止生產或是變更成分等情況。

（ぴのこさん）

6

column 5

鼬的照相館 ❷

今天的飯飯是漢堡(才怪)！

你的身體為什麼那麼長呢？

好吃到渾然忘我～

來數數看我們有幾隻吧！

發現！日本水獺？

摟著毯子好好睡……

好想去外面的世界哦！

我最～喜歡狹窄的地方了！

第 6 章

和雪貂共度的每一天

daily care of ferrets

開始和雪貂共度的生活

迎接雪貂的準備

決定要帶雪貂回家後，家中也要先按照「雪貂規格」來打造。我想，大家將雪貂帶回家裡不久後，應該就會放牠出來屋裡玩玩，因此請儘早將室內整理好吧！即使是在人類全然安心生活的房間中，若是從雪貂的角度來看，也是充滿危險的。將危險的東西收拾好，提供給雪貂可以安心遊戲的環境吧！

雖然想讓雪貂儘量舒服自在地遊戲，卻不建議家中任何地方都讓牠自由來去。請讓雪貂只在安全的場所玩耍，例如在一個房間內，或是只在寵物圍欄裡面。

●隙縫

雪貂會鑽進任何頭進得去的地方。家具下方的隙縫或是家具間的隙縫、家具後面等都要注意。在看不見的地方或許會有飼主不記得的危險物品（電線、硼酸丸等）。如果房子是租的，也可能會有先前住戶留下的硼酸丸。除了要檢查看不到的場所，同時也請利用圍欄等來進行守護吧！

●高處

雪貂雖然不是樹上型的動物，但只要有踩腳的地方，就會爬到家具上面等高處。不但有推落上方置物之虞，視力不好的雪貂在無法認知高度的情況下一躍而下，也有發生摔落意外的危險。請注意可能會成為踩腳物品所放置的場所。

●啃咬&挖掘

雪貂不管對什麼東西都是又咬又挖的，請多注意。電線請固定在雪貂無法觸及的地方，或是使用保護套管等做防護。

遙控器的按鈕是雪貂的「最愛」，一定要放在牠碰不到的地方。

座墊、地毯、榻榻米、沙發、床鋪等都會因為挖洞行為而變得破爛不堪。在挖的同時也可能會啃咬，所以要小心牠誤吞異物。除此之外，橡皮擦或保麗龍等口感咬起來似乎是雪貂會喜歡的東西、小雜貨類等也都請收拾好。

●中毒

洗劑類、化妝品、醫藥品等請放置在雪貂無法碰到的地方。人吃剩沒收起來的巧克力，萬一被雪貂吃到也有引起中毒之虞。觀葉植物中的黃金葛、黛粉葉等經啃咬後也會產生毒性，所以請不要放置在讓雪貂遊戲的房間裡。

●防止脫逃

讓雪貂遊玩時，必須確認門窗是否緊閉。請不要讓牠逃到屋外或是沒有做好安全對策的其他房間。也可能會跑到陽台，從欄杆的隙縫逃走或是摔落。

●抽屜、門扉等

雪貂很機靈，抽屜或是門扉只要微微敞開，牠就會鑽進去，而且有時還能學會打開的方法。或許會被牠找到你原本認為「只要收起來就安全」的藥品之類。不妨活用幼兒用的抽屜安全鎖等。

另外，雪貂也很喜歡跑到袋子裡或箱子裡，所以裝有危險物品、不想被雪貂破壞或吃進去的東西的袋子，請事先收拾好。

●廚房

廚房裡有洗潔劑、漂白劑、菜刀、雪貂吃到會有危險的食品等許許多多危險的東西。在炸東西的時候，油可能會濺起。而如果牠踩著什麼東西進入水槽裡，喝到正在漂白抹布等的水就糟了。請不要讓雪貂進到廚房中。

如果廚房和雪貂遊戲的房間在同一個空間，就使用圍欄等避免讓牠進入。尤其是鑽到冰箱後面啃咬電線，不只會觸電，也有漏電造成火災的危險。

●有水的地方

請不要讓雪貂任意到廁所或浴室去。可能會有溺死的危險。雖說浴缸有高度比較安心，但雪貂也可能會踩在舀水桶或洗澡椅之上跳進去。

●人類

當人待在雪貂玩耍的遊戲間時，請經常確認雪貂現在在什麼地方做些什麼。雪貂可能會突然來到腳邊而發生不慎踩踏或踢到的意外。另外，也可能沒有發現雪貂在坐墊之下就坐了上去。開關門的時候也要充分注意雪貂的行動。注意避免讓雪貂被門夾到而受重傷。

帶回雪貂之後（只有1隻時）

●不能馬上就和牠玩

迎接雪貂回家的準備完成了，家裡總算來了新成員，當然想要立刻抱抱牠，跟牠一起玩。

不過，從雪貂的立場來看，卻是從店家的熟悉環境、和同伴們在一起的環境中，突然被陌生人帶到生疏的場所，想必是緊張莫名又充滿戒心的，而且也會感覺到強烈的壓力。

●讓雪貂習慣環境

首先應該做的，就是讓雪貂穩定下來。讓雪貂進入設置好的籠子後，不要隨意逗弄牠，請給雪貂觀察新環境和新家人的時間。

因此，不需費心用布等覆蓋在籠子上面（如果是在寒冷時期要覆蓋毛毯等織品的話，前面也儘量不要蓋到）。雖然不該胡亂喧鬧，但請儘量一面注意安靜，一面正常地生活。讓雪貂慢慢理解，就算多少有些生活噪音或是人的聲音，但都不會對牠造成危害，是可以安心的。

●照顧只做基本的事項

在等雪貂穩定下來的前幾天，請只做排泄物等髒污處的清掃，以及準備飲食的照顧即可。給餐的時候，請溫柔地叫喚雪貂的名字。

還有，餵食的雪貂飼料必須和牠之前吃的相同。就算想換種類，也請先暫時不要更換。

●檢查健康是必要的

檢查是否有充分進食？是否有飲水（以前如果使用飲水瓶，就用飲水瓶給水；但之前如果是用盤子給水的，就要先用盤子給水，飲水瓶的訓練等一段時間後再進行）？排泄物的狀態如何？行動是否有異常（走路方式或身體是否老是歪一邊等）？如果身體狀況有異常變化，請儘速帶往動物醫院。

讓雪貂習慣的方法

●為彼此建立關係

帶回家中的雪貂穩定下來後，也該積極地進行感情交流了。

就算已經習慣環境了，如果不習慣人類的話，還是會讓雪貂經常處在壓力狀態中。請讓牠了解：人類是不可怕的！在一起是很快樂的哦！

讓雪貂習慣，不僅僅是為了飼主的喜悅和快樂。能夠習慣環境和人類，雪貂才能安心地生活。對具有社會性的雪貂來說，有「同伴」是很重要的。此外，在讓牠習慣的過程中，如果能讓雪貂接受被人碰觸身體的每個部位，在做健康檢查、梳毛的時候也會大有幫助。為了彼此著想，請努力讓雪貂習慣，逐漸建立關係吧！

●了解雪貂的個性

一般來說，雪貂大多都與人親近，或許可以說，正是因為這樣才會成為受人喜愛的寵物吧！

不過，性格各有不同，每隻都有自己的個性，這點和人是一樣的。別人家的雪貂和自己家的雪貂不一樣，如果飼養好幾隻，所有的雪貂個性也都不同。

有些雪貂從帶回家那天起就很友善，好像不需要費心讓牠習慣；也有些雪貂警戒心特別強（會咬人的雪貂大多數並不是具有攻擊性，而是因為警戒心強、感到害怕的關係）。

之前的飼養環境也會造成個性差異。在寵物店人員充滿愛心地接觸下長大的雪貂，應該會比較不怕人、比較容易習慣吧！

不過，店家若是疏於飼養管理，不僅不會有良好的感情交流，如果又為了矯正咬人惡習而施加體罰（包含所謂的「彈鼻子」在內）的話，可能會讓雪貂對人產

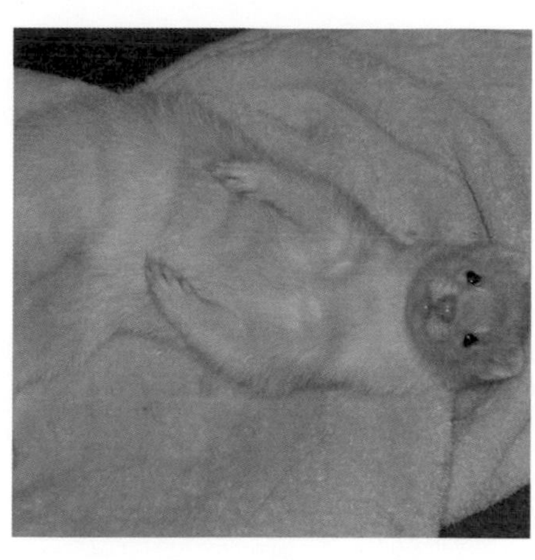

生恐懼心，尤其是對人手的恐懼會特別強烈，變得非常膽小。想要讓這樣的雪貂解除警戒心，就必須要花點時間了。

總之，雪貂的性格百百種，有喜歡同伴的雪貂，也有喜歡自己玩的雪貂。請儘快了解帶回家的雪貂是什麼樣的個性吧！

●讓牠習慣時的注意事項

讓牠習慣時必須注意的事項有「絕對不要讓牠害怕」、「有耐性」、「抱持溫柔寬大的心」這3點。

＊絕對不要讓牠害怕

目前已知對動物來說，恐懼的記憶是難以消除的。如果輕易就忘記可怕的事情，以後就會面臨好幾次相同的危機，因此這也是理所當然的。請不要對牠體罰或大聲怒斥等做出會讓牠感到恐懼的事。

＊有耐性

雪貂不一定都能在短期間內習慣。其中可能有必須花點時間的雪貂。請抱持毅力、有耐性地讓牠習慣吧！

＊抱持溫柔寬大的心

不是所有的雪貂都能變得「百分百馴熟」。終究還是有我行我素、只在自己高興的時候才對人撒嬌的雪貂。馴熟的程度會依每隻雪貂而異。已經採取適當的馴熟方法了，結果卻還是差強人意時，也只好接受了！

●逐步讓牠習慣

＊階段1

剛開始時不要讓牠從籠子裡出來，餵食的時候也要溫柔地叫喚牠的名字。對動物來說，食物是和生命有直接關聯的東西，所以牠們對給予食物的人會比較容易親近。一天中有好幾次的飲食時間，因此也會有好幾次跟牠說話的機會。

還有，名字請僅在吃飯、給予零食等對雪貂來說是「快樂的事」的時候呼喚（斥罵的時候不能叫名字）。

＊階段2

讓牠習慣從人的手中獲得零食這件事。在籠子中，一邊叫牠的名字，一邊用手給予零食。如果能夠對叫到名字和零食有反應的話，等到牠以後可以出籠了，在要讓牠回籠時等就會有幫助。此時如果不先讓牠習慣，每次要讓牠回籠時就必須到處追逐，可能會讓牠遲遲難以習慣。

＊階段3

再次確認房間的安全對策後，試著放牠到籠子外面。預定讓牠遊戲的房間如果很大，剛開始時不妨先用圍欄區隔出狹窄的空間，或許會比較好。飼主只要坐在地板上放輕鬆就好了。雪貂剛開始可能會和飼主保持距離，但因原本就有旺盛的好奇心，應該會一點一點地接近，過來探察飼主的模樣吧！叫喚牠的名字，讓牠知道坐在這裡的人跟給食物的人是同一個人。只不過，先不要去摸牠，讓牠自由活動。雪貂或許會嗅聞人的味道，或是將前腳搭在人的膝蓋上，不過在這個階段，飼主請先不要主動發起行動。

過一段時間後，拿零食給牠看，讓牠回去籠子裡，在籠內給牠零食。逐漸拉長從籠子裡出來的時間。

＊階段4

等到雪貂可以若無其事地靠近人後，就試著一邊叫喚牠，一邊給予零食或是撫摸身體等。

等到雪貂不在意被人撫摸身體後，就可以試著抱牠。第一次抱雪貂時可能會覺得緊張，但緊張是會傳達給雪貂的。若是提心吊膽地抱牠，雪貂也會感到害怕，或許會不自覺地咬人。抱牠的時候，請果斷地進行，不要猶豫。

請慢慢地主動向雪貂靠近，出聲叫喚，撫摸牠或是抱抱牠。利用玩具來遊戲，對雪貂來說也是非常快樂的事。只是，當雪貂正沉迷在獨自玩耍的遊戲時，請讓牠盡情地玩個夠吧！

雪貂的抱法

好好地抱雪貂不僅是感情交流的一種，也是為了健康管理和清潔梳理等著想。等雪貂習慣後，就來做懷抱的練習吧！

當雪貂還不習慣被人抱時，請不要在站立的狀態下抱雪貂。因為牠可能會不喜歡被抱而掙扎、不慎摔落。一定要坐下來抱牠。

●一般的抱法

用一隻手撐住雪貂的上半身。如果是從背側接近，就抓住頸部到肩膀部分；如果是從腹側接近，就要從胸部抱起來。不論哪種抱法，都要立刻用另一隻手支撐後腳。抱起來後，請讓牠緊貼在自己胸前，穩穩地抱住雪貂。

●保定的方法

所謂保定，是指為了診察和治療，而對雪貂施與沒有負擔且讓牠無法亂動的抱法。雪貂的保定方法，就是將脖頸到後頭部的皮膚大量抓住後提起來。為了避免身體晃動，請支撐住後腳。抓住脖頸的方法看起來好像很可憐，其實對雪貂來說是沒有太大負擔的（和動物的母親叼著寶寶的脖頸進行搬運的方法是相同的）。

●有視覺障礙、聽覺障礙的雪貂的抱法

懷抱這樣的雪貂時，最重要的是讓牠察覺到你的存在。在沒有察覺下突然抱牠，可能會讓牠受到驚嚇而亂動或是咬人。對於眼睛看不見的雪貂，可先出聲叫牠或是用會出聲的玩具等，引起牠的注意；等牠看向發出聲音的方向後，就一邊叫牠的名字，一邊將手伸過去，讓牠確認氣味後再抱起來。而對於耳朵聽不見的雪貂，則是要走到牠的面前，搖動玩具或是揮手，讓牠察覺到你的存在後再抱起來。

日常的飼養管理

每天的照顧

為了雪貂的健康，也為了家人和雪貂的衛生管理，每天的照顧是非常重要的。如果能在每天的照顧中排入健康檢查，一有問題也能早期發現。

〈每天的照顧一例〉

1 清潔便盆

進行便盆的清潔。可以的話，一天最好清潔2次。請先確認排泄物的狀態再丟棄、補充便砂。便砂不需鋪得太厚。

2 清掃籠子地板

清掃脫落毛、灑落的食物等。請經常更換墊材。

3 更換食物和水

一天給予數次的雪貂飼料。每次都要檢查飼料剩餘的情況，飲水也要更換。

剩下少量飼料時，不管經過多久牠也不會再吃了，因此要把吃剩的丟掉，給予新的飼料。

給予肉類等副食時，也同樣不要讓吃剩的食物一直放著。

4 遊戲的時間

確認門窗等是否有關好後，就讓雪貂從籠子裡出來，讓牠自由玩耍，或是陪牠一起玩。觀察雪貂的動作，或是一邊抱著牠一邊進行健康檢查。

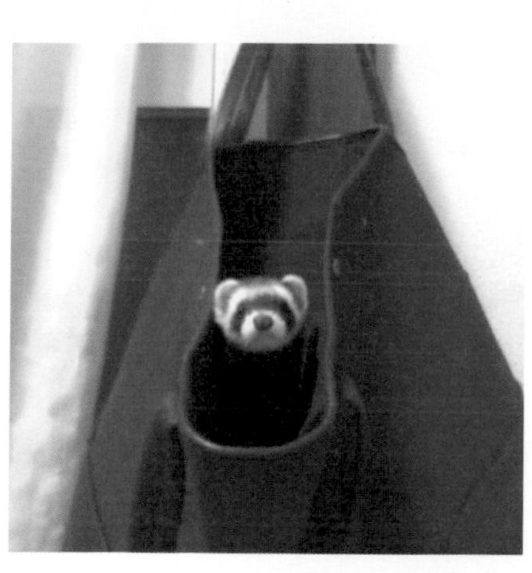

5 清潔美容

視需要進行。刷牙最好每天都要做。

6 房間的整理、清掃

雪貂出來遊戲後要記得清掃房間。雪貂可能會把玩具或食物藏起來，請檢查牠遊戲的場所。

〈偶爾進行的照顧〉

□檢查玩具是否有損壞？有沒有零件掉落等等。
□偶爾要檢查一下雪貂是否有進入房間狹窄處等搞破壞。
□每週約2次，更換、清洗吊床等睡鋪。
□每週約1次，清洗便盆容器。
□每週約1次，清洗籠子的墊布和布製玩具。
□偶爾消毒飲水瓶。可以使用嬰兒奶瓶用的殺菌漂白劑。在水垢的搓洗上，使用清洗試管用的刷子就很方便。
□每個月1次，清洗整個籠子。
□水洗過的物品要等完全乾燥後才能使用或是收起來。

〈氣味對策〉

雪貂有獨特的體味。有些飼主喜歡這種味道，不過也有人對氣味感到苦惱。

想要減輕氣味，有下面幾個方法：吊床等布類製品經常更換清洗、清掃籠子時使用寵物用的殺菌除臭噴劑、在雪貂遊戲室的地毯或窗簾上噴灑殺菌除臭噴劑等等。要注意的是，若是因為在意體臭而經常讓雪貂洗澡，反而會造成反效果，讓氣味變得更加強烈。

季節對策

●寒冷對策

雪貂是生活在較為寒冷地區的動物，比起暑熱，牠們是比較不怕寒冷的。雖說如此，畢竟和野生的生活不同，寒冷的時候並沒有可以躲進去的巢穴。就算天冷時，也請不要讓溫度低於15℃。

如果是健康的成貂，冬天時更換成溫暖的吊床，或是在籠內放入毛毯就足夠了；但是剛帶回家的幼貂、高齡或生病的雪貂就得多用一點心思。睡鋪如果是直接放在籠子的地板上，不妨在下面墊一塊寵物電熱毯，並先用毛巾等包住以防止過熱。夜間在籠子上覆蓋毛毯也可禦寒。在籠內使用電熱器時，若再用毛毯覆蓋整個籠子，容易使得空氣不流通，所以前面要記得打開。

如果想讓雪貂所待的室內整個溫暖起來，使用空調是安全的。若併用空氣循環扇，暖風也會流動到房間的下方。葉片式電暖器的安全性也很高，不過必須注意避免雪貂長時間靠近所造成的低溫燙傷。如果要放置電暖器或暖爐，不妨用圍欄將周圍圍起來。

冬天須注意的是濕度。冬天加上溼度低的環境，容易讓雪貂的皮膚流失水分，人也容易感染流行性感冒。為了人和雪貂雙方著想，最好使用加濕器，保持在50％左右的濕度。

●春天和秋天的對策

一般很容易認為這是不冷也不熱、容易度過的季節，但其實白天差不多是熱的，到了夜裡又會變得寒冷，三寒四溫，溫度變化激烈，出乎意外地是不能輕視的季節。要確認天氣預報，不管是熱是冷，都先做好對策。另外，這個時期也是換毛期，最好能幫牠梳毛。

●炎熱對策

＊有空調時

對於沒有汗腺的雪貂來說，日本夏天的炎熱是非常嚴酷的，甚至可以說，沒有空調就無法飼養雪貂。理想的雪貂飼養溫度是20～24℃，要維持這個溫度並不容易，不過若是在濕度低的狀態下，牠們或許可以忍耐到28℃左右。

如果使用空調，請注意避免空調的風直接吹向籠子。開冷氣很容易疏於換氣，不過引進新鮮空氣是很重要的，最好找個不熱的時段更換空氣。

也必須預先考慮到發生停電時的情形。大多數的空調在電源切斷後，就算復電了，也不會自動重啟電源。不過，還是有些機種能夠自動重開機，而且市面上也有販售只要先設定好定時器就能自動開機的遙控器等。

＊沒有空調時

如果是在沒有空調的房間裡飼養，就必須多下一點工夫。在酷熱的密閉室內可能會導致中暑，如果可以的話，最好在注意防盜和雪貂脫逃的情況下打開窗戶，並且安裝換氣扇，讓電風扇轉動，如此一來就能讓空氣流通了。也可以在籠內放置市售的冷涼板或冰凍過的寶特瓶（用毛巾包好）等。

由於夏天的溫度、濕度都較高，食物容易腐敗。剩餘的食餌請避免放著不管。飲水也要勤於更換。將小冰塊放入飲水瓶中，能夠某種程度地防止水變得溫熱。

在梅雨時期，不妨趁著晴天洗滌吊床或布製品類，用心讓雪貂能舒適地生活。

在天氣真正變熱前（有些地區約從5月開始）就要開始做好心絲蟲病的預防。

雪貂的教養

●必要的教養項目

雪貂是被帶入人類的生活裡生活的。為了讓彼此都能愉快地度日，規矩是不可少的。教導牠這些規矩就稱為教養。

進行教養時，重點之一在於「一貫性」。決定好要接受或是拒絕動物的某種行為後，這個家的每個人都必須在每次做出相同的反應才行。例如於後說明的咬人惡習，就算大部分的家人都拚命想制止雪貂咬人而斥罵牠，但只要有一個人做了不一樣的反應（例如被咬的時候給牠零食來讓牠停止），雪貂可能就會學習到「想吃零食時就要咬人」。動物是很聰明的，就算只發生過一次，牠也可能會將「獲得零食」這個結果牢牢記住，因此請務必要抱持一貫性。

●如廁的教養

雪貂有在籠子角落排泄的習性，因此便盆請在籠子的四個角落擇一放置。

將糞便放在便砂上，教導雪貂這裡就是廁所。如果雪貂在便盆以外的地方排泄了，請將該處清掃乾淨，不要讓氣味殘留。

雪貂排泄的時候會向後退，所以當牠開始向後退時，就要引導牠到便盆去。

也可以訓練牠記住出來房間遊戲時所使用的便盆。教導的方法是一樣的。

●咬人的教養

＊為什麼會咬人？

在雪貂的行為中問題最大的就是「咬人」。究竟雪貂為什麼會咬人呢？原因未必是因為牠有攻擊性的性格。這個行為本身是帶有某種訊息在內的。

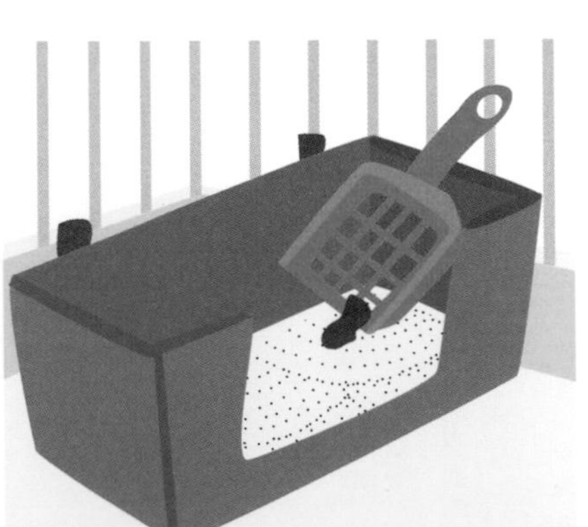

恐懼和不安：當雪貂非常害怕，或是發生了讓牠強烈不安的事情卻無法逃脫的狀況時，就會咬人。不只是雪貂，動物之所以咬人，大多不是因為攻擊性，而是由恐懼和不安所引起的。

驚嚇：身體突然被摸等，嚇了一跳時的反射性咬人。

身體不舒服：身體有疼痛等不適時，就不想被人逗弄。這個時候摸牠的話，就可能會被咬。

換牙時期：由乳牙換成恆齒的時期（第6～8週），可能會因為牙齒癢而咬人。

空腹：給予食物的間隔太久之類，肚子餓的時候就可能會咬人。

遊戲：可能只是鬧著玩的。隨著日漸長大應該就會穩定下來。對於遊戲時的啃咬，可以給予啃咬玩具。

＊教導牠不可以咬人

如果被咬了，要立刻教導牠那是不可以的。抓住牠的脖頸處拉開，以毅然強烈的語氣斥責牠「不行！」。請有耐性地持續進行。

請不要進行拍打或彈鼻子等體罰。這樣做或許能讓牠停止咬人，但也會失去彼此的信賴關係。

也有咬人後讓牠回到籠子，在一段時間內都置之不理的「閉門思過」法。

●不要強化不好的行為

咬人或是啃咬鐵絲網等，都是飼主「不希望牠做」的行為。請注意飼主想要制止這些行為而採取的行動或是瞬間反應，都可能會強化不希望牠做的行為（變成越發會做這些行為）。

例如，「想讓牠停止咬人而給零食→想要零食就咬人」、「討厭被抱而咬人時，立刻把牠放下來→咬人就能獲得解放，所以一有討厭的事就咬人」、「想讓牠停止咬鐵絲網而給零食→咬鐵絲網就能獲得零食，當然要咬了」等等。

●對「希望牠做」的行為給予獎賞

如果是為了教養而給予零食，請在一叫就來之類，當雪貂做了飼主「希望牠做」的行為時，當作獎賞地給予。雪貂想要得到獎賞，就會經常做出該行為。

教養的重點

- □ 斥責時要有一貫性，抓準時機並簡潔明瞭。
- □ 體罰可能會損壞信賴關係，請勿使用。
- □ 要制止不希望牠做的事情，就不要給牠期望的東西。
- □ 零食要在牠做到飼主想要牠做的事情時，當作獎賞地給予。

雪貂的美容

如果是生活在自然界中，因為挖洞或是長距離行走，通常不會有趾甲過長的情形；獵物也會整隻吃掉，所以也不會有牙垢堆積。不過既然是做為寵物在人類的生活中度日，就必須借助飼主的幫忙了。請視需要幫牠美容吧！

●洗澡

雪貂本來是不需要洗澡的動物，但為了減輕獨特的體味，去除髒污，幫寵物雪貂洗澡已經變得非常普遍了。請使用小動物用的低刺激洗毛精來清洗。

只不過，如果因為在意氣味而頻繁清洗，將促使散發氣味的皮脂分泌得更旺盛，反而會讓氣味變得強烈。洗澡一個月最好僅止於1、2次的程度。

雖然雪貂大多不是那麼討厭被水弄濕，但牠若是不喜歡，請不要勉強。

另外，疫苗接種後的幾天請儘量避免洗澡。

〈洗澡的順序〉

1 在洗臉盆或洗手台中裝滿如雪貂體溫（約38℃）的熱水。

2 充分弄濕雪貂的身體後，用起泡的洗毛精清洗。

3 注意避免進入眼睛和耳朵裡。

4 充分沖洗乾淨，避免洗毛精殘留。趾間等也要仔細沖洗。

5 之後也可以使用潤絲精。

6 事先準備幾條乾毛巾，擦乾水分。

7 使用吹風機時，請從稍遠處吹風，以免太近造成燙傷。

●梳毛

在脫落毛多的換毛季節（春・秋），最好幫牠梳毛。在雪貂將浮起的脫落毛舔食進去前就先除掉，可以預防毛球堆積在消化道內。

梳毛工具有：輕易就能去除脫落毛的橡膠刷、可以刷出被毛光澤的獸毛刷、眼睛周圍等細部也能使用的雙齒排梳（60頁）等。梳毛有促進血液循環的按摩效果，也是檢查皮膚和被毛狀態的大好機會，所以在換毛季節以外的時期也可以進行。

●剪趾甲

如果有進行挖洞行為，或是有充分運動，趾甲就不會長得過長；但是在飼養狀態下，很容易就長長了。可能會鉤到籠子等的隙縫或是地毯之類而受傷，腳也無法確實地踏穩地面，所以如果趾甲太長了，就要進行修剪。

使用小動物用的趾甲剪來進行。由於趾甲有血管通過，剪太深的話會造成出血，最好只將趾甲末端修掉一點點（1㎜的程度）即可。

如果雪貂能乖乖讓人抱著，飼主一個人便可進行修剪。此外，雪貂的睡眠很深沉，所以在牠睡覺時修剪也是個好方法。另一個方法是，讓牠仰躺在膝蓋上，在牠的腹部塗抹少許牠最喜歡的膏狀營養輔助食品，趁牠舔得忘我時進行修剪。如果無法乖乖地讓人剪，就要兩個人一起進行。一個人負責保定雪貂（99頁），另一個人負責剪趾甲。

不用一次剪完所有的趾甲，也可以一次幾根幾根地修剪，所以不需勉強。無論如何都沒有辦法進行修剪時，也可以拜託雪貂專賣店或動物醫院來進行。

萬一傷到血管出血了，請立刻進行止血（161頁）。

刷牙

如果能在附著於牙齒表面的牙垢變成牙結石之前去除，就能預防牙周病。刷牙最好每天都要進行。

手指捲上紗布，輕輕摩擦牙齒表面。也可以沾一些小動物用的潔牙液。另外也有滴入型的口腔護理用品，只要將液體滴入口腔內，就能讓牙垢不易附著。

最好從小就讓牠習慣刷牙。長大後才開始，可能會讓雪貂難以適應。

無論如何都無法刷牙時，啃咬類型的玩具多少也能期待一些效果。

清潔耳朵

雪貂很容易堆積耳垢，最好以每週1次為基準，幫牠清潔耳朵，也可以預防耳疥蟲。只不過，耳朵內側是非常纖細的地方，請小心謹慎地進行。

將耳朵清潔液滴入耳中，揉揉耳根讓清潔液充分滲透，使污垢浮起後，再以棉花棒除去浮起的污垢。棉花棒請勿深入到耳朵內部。

清潔耳朵也一樣，請從小就讓牠習慣吧！

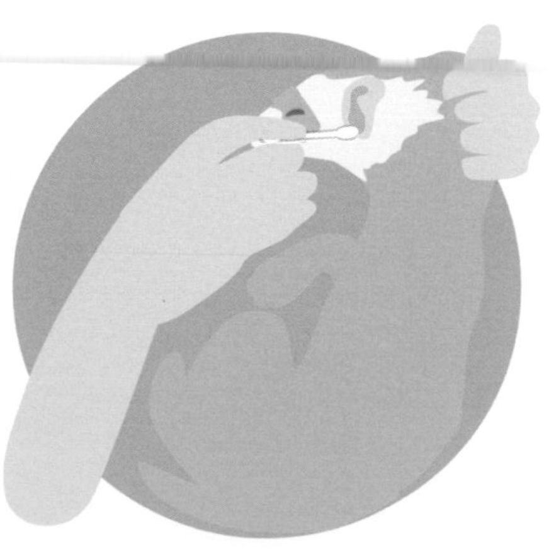

讓雪貂獨自在家

旅行或回故鄉、出差等時候，有時必須留雪貂獨自在家。一旦決定好讓牠獨自看家，最好儘早思考該怎麼做。

●只留雪貂獨自在家

假設是健康而非高齡的雪貂，尤其是在夏天時，只要以做好溫度管理為前提，如果只有一晚，應該能夠毫無問題地獨自在家吧！按照天數準備好飼料，安裝2個飲水瓶做為萬一掉落時的預備。飼料也可以使用自動餵食器。不要在讓牠獨自在家時才初次使用，飼主在家時就要實際使用看看，檢查一下有沒有問題。

在天氣變熱的時期，若不開空調就不建議獨留雪貂在家。非不得已時，請將籠子放置在家中最涼爽的場所（浴室等）。

上了年紀、容易生病的雪貂，在炎熱的時期，如果有好幾天必須留牠獨自在家時，最好還是考慮拜託親友前來照顧或是託付他人。

●請人前來照顧

有好幾天的時間要讓雪貂獨自在家時，可以拜託寵物保母或朋友前來照顧。

預先準備好充足的飼料和便砂，以免中途用完了。也要先告知萬一時的聯絡處（飼主、動物醫院等）。

●託付他人

這是託付給朋友，帶到朋友家中請他照顧，或是託付給寵物旅館、請熟識的寵物店或往來的動物醫院代為照顧的方法。

如果是託付給寵物旅館，請先充分確認籠子放置的環境為何？可以帶飼料進去嗎？等等條件。

和雪貂一起出門

帶著雪貂回故鄉或外出旅行，或是前往動物醫院時，必須先做好準備，儘量避免帶給雪貂移動的壓力。因為生病而帶往醫院時，尤其必須注意。

●準備提袋

不管是多麼親近人的雪貂，移動時還是要放進提袋中。移動時間如果較長，硬式提箱會比軟式提袋更適合。不要到了移動時才讓牠第一次進入提袋，最好從平日就讓牠在提袋中玩耍，在裡面餵牠吃零食之類，先讓牠習慣。

在寒冷時期放入刷毛布等，讓牠可以溫暖地移動；暑熱時期則可以放入用毛巾裹住的冰凍寶特瓶。

●移動時的注意事項

不管是搭乘汽車還是電車，都不要隨便讓牠從提袋裡出來。為了儘量減少震動，不妨放置在膝蓋上；如果是放置在汽車座椅上，請用安全帶固定。夏天利用汽車移動時，不管是多麼短暫的時間，都不可以單獨留下雪貂在車內。因為雪貂只要一下子就會中暑（根據日本自動車聯盟的網站顯示，就算外面氣溫只有23℃，車內最高溫也可達48℃，儀表板上方甚至可達70℃）。

●在移動目的地的度過方法

在室內可以讓牠從提袋裡出來嗎？有沒有籠子？等等，請預先想好雪貂在老家或旅行目的地該要如何度過吧！

另外，考慮到雪貂在移動目的地發生身體不適時的情況，先找好該處附近的動物醫院會比較安心。

雪貂的多隻飼養

剛開始只養1隻，回過神來已經增加到2隻、3隻了——這樣的飼主其實不在少數。多隻飼養是飼養雪貂的樂趣之一。如果要進行多隻飼養，請讓所有的雪貂都能幸福地生活（在此是將在同一個籠子裡飼養數隻雪貂定義為「多隻飼養」）。

*多隻飼養的魅力

雪貂有社會性，非常愛玩，所以有同伴是最好不過的了。如果合得來，多隻飼養對雪貂來說也是一件好事。好幾隻雪貂一起玩、一起睡覺的模樣，光看都是一種樂趣。

另外，對於忙碌到很難有時間和雪貂玩的人來說，這樣或許也比較好。

*多隻飼養的問題點

多隻飼養能否帶來幸福，在於彼此合不合得來。原住雪貂和新進雪貂間是否合得來，不實際養養看就無從得知。如果真的無法好好相處，就必須分開籠子飼養，遊戲也要分開。

飼養隻數一增加，每天的照顧就會變得更辛苦。擺放大型籠子很佔空間，飼養用品和飼料、醫療費都會增加開銷，室內的氣味和髒污會更嚴重，調皮搗蛋也會倍增。

多隻飼養在健康檢查上也很麻煩。便盆裡若是出現有問題的糞便，究竟是哪一隻雪貂的？沒有把飯吃完的又是誰？這些問題都一定要能夠確認才行。

還有，因為是從外部引進新的個體，也可能會帶進傳染病。

● 帶新雪貂回家時的注意事項

＊進行「檢疫」

為了避免從外部帶進傳染病和寄生蟲，請設定「檢疫」期間。至少要有2個禮拜左右，在遠離原住雪貂所在場所（儘量在其他房間）的地方進行飼養。

在此期間，除了要進行確認健康狀態、檢便等的健康檢查，以及所需的疫苗接種之外，也請建立雪貂和飼主之間的關係。

此外，為了慎重起見，在這個時期請先做好原先飼養雪貂的照顧後，再去照顧新來的雪貂。

＊速配組合

如果是正常雪貂，尤其是雄貂們，同居大概有相當的困難。但若做過避孕去勢手術，性別就沒有太大的關係，應該就是孤僻或友善等等個體性格的問題了。

相較之下，更須注意的是年齡。如果是將年輕雪貂帶到有高齡雪貂的地方，充沛的活力雖然也能成為高齡雪貂良好的刺激，不過陪著玩卻也會讓高齡雪貂累癱。

此外，還很小的幼貂，請讓牠長大到某種程度後，才讓牠和成貂在一起。可能會有幼貂被成貂拖來拖去（應該不是霸凌），或是雌貂過度發揮母性本能的情況發生。

●「迎進症候群」

目前已知有一種「迎進症候群」，在迎進新雪貂時，會讓原飼雪貂身體不適。也有些個體會下痢或嘔吐（不同於新雪貂帶來的傳染病問題）。

一般認為，這是因為與之前的環境出現變化所導致的壓力，以及飼主對自己的關注減少所引起的不安等，造成了身體狀況變差。這不只會發生在原住雪貂只有1隻時，就算是已經多隻飼養了，也可能因為新雪貂加入而導致原本已經形成上下關係的雪貂社會出現混亂，因而發生迎進症候群。

一旦因為迎進症候群產生的壓力造成免疫力降低，也會變得容易罹患其他疾病。

想要避免迎進症候群，同居方面最好多花一些時間，不要只注意新雪貂（因為還很小又可愛，或許會經常想要逗弄牠），而要以原飼雪貂為優先，讓牠知道你對牠的愛並沒有改變。

●同籠飼養的步驟

1. 進行檢疫（113頁）
2. 檢疫期間結束後，將新雪貂的籠子放在原住雪貂的籠子附近，讓牠們習慣氣味。
3. 經過一段時間後，為了更直接地讓牠們習慣氣味，將原住雪貂使用的睡鋪放進新雪貂的籠子裡讓牠使用，或是試著交換留有彼此氣味的吊床（以檢疫完畢為大前提）。
4. 毫無問題地通過習慣彼此氣味的階段後，試著讓牠們直接會面看看。不過在這之前，要先在相同的時機下洗個澡。
5. 只在遊戲時間放牠們出籠，試著讓牠們在一起。飼主一定要在旁邊盯著，一有情況請立刻拉開。
6. 如果能在一起玩，就逐漸拉長遊戲的時間。
7. 開始移到同一個籠子裡生活。準備寬敞的籠子，睡鋪也要準備數個。開始同籠的那一天，飼主一定要在家，觀察情況。
8. 開始同籠後，請仔細觀察雪貂是否有好好進食、排泄物的狀態如何等等，評估牠們彼此是否能夠不感覺壓力地生活。

只要飼主能給予愛心，就算只飼養1隻，雪貂也是幸福的。如果覺得自己無法多隻飼養，請不要勉強挑戰。

和雪貂玩遊戲

●和雪貂玩耍

雪貂最喜歡玩遊戲了。一旦玩起來，幾乎讓人無法想像和熟睡時是同一動物，玩得激烈又興奮。對雪貂來說，遊戲和睡覺、吃東西幾乎是並列的不可欠缺之事。請為雪貂提供許多遊戲，只要時間允許，也和牠一起玩吧！

●遊戲的意義

*滿足本能

遊戲有增加行為目錄（39頁）的意義。

野生雪貂（雞鼬）會尋求獵物而四處走動，進行狩獵、捕食，然而寵物雪貂就算不狩獵也能獲得食物。雖然是輕鬆受惠的環境，不過雪貂的本能或許會感到不滿足吧！雪貂的遊戲就有滿足該部分的意義在。

*給予刺激

無聊的生活很無趣，這對人類和雪貂而言都是一樣的。對好奇心旺盛的雪貂來說，快樂的刺激是必需的。

一發現新玩具，雪貂就會開始思考要怎麼玩。促使牠採取和平常不同的行動、讓牠思考事物，這些刺激都可以活化雪貂的生活。

＊運動的機會

睡覺時間很長的雪貂，醒著的時候就讓牠充分運動吧！野生的雪貂（雞鼬）睡眠時間也很長，不過這或許是為了要保持能量，以便活動時間＝狩獵時間能夠活潑地到處走動的關係。

藉由充分活動身體、充分進食來保持體力，可以形成肌肉發達的強壯身體。

＊感情交流的時間

從呼喚名字，只要過來就給零食吃的靜態遊戲，到使用玩具讓牠鬧著玩，或是互相追逐等活潑的遊戲，遊戲時間對雪貂來說也是進行感情交流的時間。藉由共同擁有快樂的時間，雪貂將變得越來越喜歡飼主，彼此的關係也會加強。

●雪貂的遊戲

這裡介紹的只是和雪貂玩的遊戲中的極小部分而已。遊戲的種類端看飼主的創意和雪貂的數量。你也來發明快樂的遊戲吧！

＊鑽入躲藏

雪貂喜歡鑽到布料下面玩。好像要從布的上方抓住牠般地玩，或是當做和雪貂玩躲貓貓地把牠找出來。

＊扮媽媽

雌貂就算做了避孕手術，還是會有「母性本能」，有用嘴巴叼住布偶帶回巢穴的行為。請幫牠準備布偶吧（10 cm左右的即可）！

＊藏零食

找食物也是本能行為，而且還可以吃到美味的食物，是很快樂的行動。放置幾個紙袋或瓦楞紙箱，只在其中一個藏好零食。

＊探險遊戲

就算裡面沒有零食，雪貂也喜歡鑽進紙袋和瓦楞紙箱裡。請讓牠盡情探險吧！另外，因為雪貂無法區別可以玩的箱子和垃圾桶，所以請先將不想讓牠進入的東西移走。

＊「來玩吧！」的暗號

雪貂若開始跳起黃鼠狼戰舞（44頁），就是在邀你一起玩。這時就陪牠一起玩吧！

＊拔河遊戲

在雪貂面前搖動襪子、繩子等，牠就會過來咬住；不要輕易放開手，和牠玩玩拔河遊戲吧！地板如果是木質地板，對雪貂沒有危險的話，也可以連同雪貂在地板上拖行。

＊逗貓棒

雪貂的基本款玩具之一。讓雪貂或跑或跳地做出各種動作，讓牠快樂地活動吧！

＊狩獵遊戲

將玩具或布偶從躲藏處悄悄地讓牠看見後縮回，再從不同的地方出現……來搔動雪貂的狩獵本能吧！

＊夏天玩水

鼬的同伴中有水獺和海獺等水棲動物。不知道是不是因為這樣，也有些雪貂很喜歡玩水。在夏天炎熱的日子裡，不妨在裝滿水的洗臉盆中沉入零食，讓牠在那裡玩狩獵遊戲，應該會很快樂吧！

●先準備好各式各樣的玩具

準備各種類型的玩具，讓雪貂不會玩膩吧！

讓牠玩過後，也別忘了要檢查玩具是否有損害、是否有零件脫落等。

雪貂和戶外

帶雪貂出去散步的飼主越來越多了。不同於狗狗必須外出散步，雪貂是就算不讓牠散步也不會有問題的動物。如果要讓牠散步的話，請先想想有哪些地方要特別注意的吧！

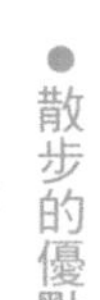

●散步的優點

沒有聞過的氣味、沒有聽過的聲音、和平時的木質地板迥異的泥土或草地的觸感等等，戶外是極具刺激性的。散步會讓雪貂的好奇心蠢蠢欲動。

不只是要配戴牽繩行走，也可攜帶寵物圍欄一起去，在圍欄中放鬆休息的時間也是很快樂的。

由於目的並不是要讓牠運動，所以飼主也可以抱著牠散步。這時，也同樣要先戴好胸背帶和牽繩。

和同為雪貂飼主的朋友會面後一起散步，對飼主來說也是件快樂的事吧！

●散步的問題

在暑熱時期散步有發生中暑的危險。在日本，約從黃金週（4月底到5月初）開始，一直到10月初，可能都會持續暑熱的季節，所以不僅限於夏天，這些時候也要注意。

遇見貓狗時，有打架、感染外部寄生蟲或傳染病的可能性。如果在狗狗多的場所遭到蚊子叮咬，也有感染心絲蟲病的危險。就算已經完成犬瘟熱的預防接種，但如果抗體尚未產生，就有感染的風險。

雪貂同伴間的碰面也必須注意（除了散步外，還有聚會活動等）。可能會被傳染傳染病，也可能會傳染給別人。

如果是遇見其他動物，依場所而異，烏鴉和蛇也要特別注意。

帶雪貂外出散步，自然會成為注目的焦點。或許可以成為擴展雪貂魅力的機會，不過雪貂會警戒陌生人，可能有咬人之虞，所以請充分注意。

●在散步之前

在家裡練習，讓牠先習慣配戴胸背帶，繫上牽繩走路。如果帶著圍欄出去，請先確認雪貂有沒有脫逃的危險。

●散步的攜帶物品

糞便要帶走，這一點和狗狗散步是一樣的。請帶著衛生紙和塑膠袋出門。

可以遮陽的東西、雪貂的零食和飲水等也都要帶著。

●散步的場所・季節・時間

場所：允許寵物進入的公園或河川空地等。請讓牠走在泥土或草地上。最好儘量避免碰到狗或貓。

季節：避免夏天和冬天，建議在春天或秋天氣候溫和的日子進行。

時間：雪貂不是晝行性的，而是晨昏型動物。一般認為要避免白天，以接近黃昏時候為適當。

●散步之後

檢查有沒有跳蚤或蜱螨附著、腳底有沒有受傷等等。也可以進行梳毛順便刷掉灰塵。仔細觀察牠的樣子，看看是否有疲倦或是中暑的模樣。

●不要讓牠變成流浪貂●

千萬不能讓雪貂從胸背帶脫逃，或是放開牽繩讓牠跑了。對飼主來說，這當然是悲傷的事，而且雪貂是外來生物（35頁），請不要讓牠變成流浪貂了。

我家雪貂的感情交流

喜歡玩水

最喜歡玩的雪貂，什麼東西都會拿來玩。因為看牠總是把臉或手伸進飲水中玩耍，心想「說不定牠喜歡玩水！」，於是讓牠試著玩水看看，結果完全正確，牠真的非常喜歡玩水（雖然很討厭洗澡……）。

因為只要帶牠到浴室就會顯得緊張，所以就在平日習慣的房間裡鋪上毛巾或野餐墊，在淺盆裡裝水讓牠玩。

光只是裝水牠就玩得很高興了，如果在水中放入零食（肉乾），牠還會將頭部潛入水中，享受狩獵的感覺，看起來非常有趣。房間如果濕了，就直接清掃。也可以成為督促懶散飼主的好習慣。

（いたちareaさん）照片左

玩具都是親手製作

基本上都是自製的。隧道是將空箱、寶特瓶連接成鋸齒狀後，組成喜歡的大小。在高處搖動雞毛撢子，或是在扭蛋空盒中裝入彈珠，用橡皮筋穿過盒上的洞孔後，垂吊在籠子裡，讓牠不容易抓到地撲著玩。

（えりんごさん）

用玩具車給牠玩

因為牠喜歡會動的東西和會發出聲音的東西，就拿玩具車給牠玩。

（☆毅&晴美☆さん）

躲在棉被或毛毯裡……

我家的雪貂會躲在棉被或毛毯下玩。雪貂躲起來後，只要搔動棉被或毛毯弄出聲音，牠們就會搖著尾巴，玩得很高興。

雪貂同伴們則會互相咬彼此的脖子，或是玩追逐遊戲。

（星野 ルナさん）

遊戲要配合個性

配合雪貂的個性玩不同的遊戲。自由奔放且好奇心旺盛的雪貂，注意不要讓牠的行動受到限制（例如牠想自己玩時，人就不要去抱牠）；喜歡撒嬌的溫順雪貂，當牠過來撒嬌時就讓牠充分地撒嬌（例如抱抱牠，或是讓牠在膝蓋上睡覺……等）。

雪貂們在吊床或籠子裡、睡鋪上都會靠在一起睡覺，雖然沒有互相鬧著玩，不過只要起床就一定會尋找對方在哪裡。

如果2隻都睡醒了，亢奮起來，就會不自覺地互相靠近，一隻尾隨著另外一隻，發出「咕咕咕」之類高興的聲音（？），然後開始互相嬉鬧。有時會互相咬得很激烈，看了讓人擔心，不過只要不是太超過，還是會讓牠們一起玩。

（あずもんさん）

無線遙控器加上布偶

我們家只有1隻，所以是將布偶裝在無線遙控器上給牠玩，也經常去散步。另外，家裡也擺了貓用的小屋和會發出沙沙聲的玩具。

也有教牠表演。只要說「起立」就會站起來，說「house」就會回到籠子裡。

（めぐ283さん）

誤飲誤食，我家的例子

人類的食物、飲料（尤其是甜的）、巧克力等（一不注意就被偷了，這個疏忽就是致命的關鍵）、軟膠、塑膠袋、100%的棉繩（就像體育服裝袋等使用的繩子）或棉布、橡膠製品（橡皮擦、手機吊飾等，都是牠喜歡咬的口感，所以就吃掉了）、整髮劑（髮蠟之類有香甜味道的東西牠也想吃）。

曾經將橡皮擦和一整條棉繩從糞便裡排出來，所以在我們家，只要是雪貂可能會喜歡的東西，全都收在牠無法觸及的場所，或是上鎖的箱子中。書本上也經常寫道，說只要把雪貂的胃打開，各式各樣的東西都會出現，這就是實際發生在我們家的情況。

（ネコみみさん）

喜歡膨鬆有厚度的布料

我家2隻雪貂的主要遊戲場是人的棉被（羽毛被）。因為柔軟膨鬆有厚度，所以牠們會蹦蹦跳跳地在上面跑動，或是鑽進去，玩得不亦樂乎。

玩具是給牠們縫線牢固、會發出聲音的布偶（牠們最喜歡膨鬆的厚布料和會發出聲音的東西）。如果縫線不牢固的化，就連布偶的耳朵都會被吃掉……

（ネコみみさん）

column 6

鼬的雜貨店 ❷

在此介紹僅在網路商店販售、別處無從購得的手工雜貨，還有飼主親自動手做的角色便當！

手工雜貨

圖片提供：手工製作的雪貂商品店鋪 JUNK*MART
http://www.junk-mart.jp/

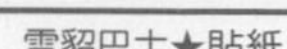

雪貂巴士★貼紙

雪貂們一起搭乘巴士的貼紙。也可以特別訂購喜歡的顏色，讓雪貂換搭不同顏色的巴士。

雪貂餅乾（磁鐵）

樂天小熊餅乾的惡搞版磁鐵。包裝也很可愛，送給不太熟悉雪貂的人做為禮物，對方應該也會很高興。

鑰匙套

只要將雪貂的臉套在鑰匙的上端，冷冰冰的鑰匙也瞬間變得可愛。開關鎖的動作好像也變有趣了。

雪貂護身符

祈禱雪貂健康、印有可愛圖案的小小護身符。裡面裝有小水晶石。

自製角色便當

圖片提供．作法：にゃいる

● 作法 ●

奶油糖果貂（的模樣）

①臉部是將柴魚＆醬油拌混白飯後，用保鮮膜包起來做成圓形。裡面的餡料請用自己喜歡的食材！

②耳朵也同樣做成圓形。

③用火腿剪出耳朵＆鼻子的形狀。

④用海苔剪出眼睛＆嘴巴的形狀。

⑤嘴巴周圍的白色部分是只將蛋白煎熟後，剪成圓形。

⑥將臉部＆耳朵放在便當盒裡，再放上五官的各個部位即可！

黑貂（的模樣）

①臉部＆耳朵用保鮮膜直接包白飯，做成圓形。裡面的餡料請用自己喜歡的食材！

②耳朵也同樣做成圓形。

③用海苔剪出臉譜、鼻子、嘴巴的形狀。

④眼睛是將火腿剪成圓形（加上睫毛，呈現出少女的感覺）。

⑤將臉部＆耳朵放在便當盒裡，再放上五官的各個部位即可！

第 7 章

雪貂的醫學

medical science of ferrets

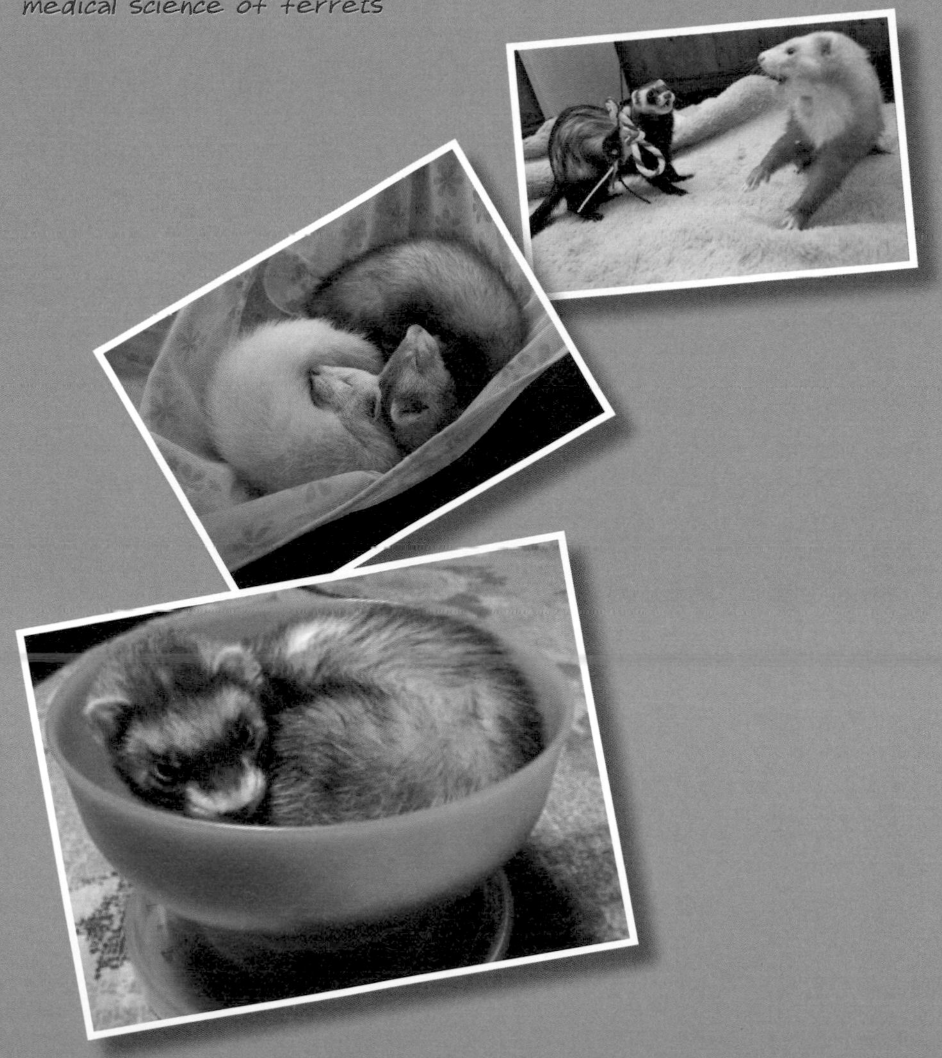

雪貂的健康

健康管理是飼主的職責

對飼主來說，幸福就是讓雪貂過得充滿活力又健康。

為了達到這個目的，飼主必須做的事項之一，就是實施符合雪貂原本生態的飼養管理。

飼主的另一個重要職責，就是雪貂的健康管理。雖然不須變得過度神經質，但還是要先知道雪貂常見的疾病有哪些、出現什麼樣的情況時就要特別注意等，有效率地在日常生活中納入檢查健康的時間。

還有，也要想想萬一生病的時候，身為飼主能為牠做些什麼、對雪貂來說什麼才是幸福等等，和往來的家庭獸醫師一邊討論，一邊思考更好的方法吧！

為了健康生活的10個條件

1. 了解雪貂這種動物的特徵
2. 了解你家雪貂的個性
3. 整理出適當的飼養環境
4. 給予適切的飲食
5. 確保充分的運動量
6. 尋求充分的感情交流
7. 注意不給予過度的壓力
8. 先了解雪貂常見的疾病和症狀表現
9. 尋找好的動物醫院
10. 每天檢查健康狀態，一年接受一次健康檢查

先找好動物醫院

若說到「動物醫院」，一般人往往以為任何動物他們都能診療，其實大部分的動物醫院都是以診療貓狗為主，可以診療雪貂之類的非犬貓寵物醫院並不多。所以，可能會發生原本認為住家附近就有醫院而感到安心，結果卻無法獲得診療的情形。

就雪貂來說，因為需要進行疫苗接種（146頁）的情況也不少，因此動物醫院是否對雪貂有所了解是很重要的。如果已經開始飼養了，請儘早找好醫院。

此外，日本國內很少進行雪貂臭腺摘除手術和避孕去勢手術，因此若是購入正常雪貂，預定要做這些手術的話，找醫院就更加重要了。

●尋找動物醫院的方法

在Town Page（日本業種別電話簿）或網路上輸入「雪貂」、「異國寵物」、「異國動物」這些關鍵字來尋找動物醫院，詢問看看。也可以從販賣雪貂的寵物店或雪貂飼主、網路的交流網站等獲得情報。

要留意的是，這些口耳相傳的情報，大多終究是主觀情報。因為每個飼主對動物醫院的要求都不一樣（治療時所重視的事項、雪貂的診療經驗、設備的充實度、與獸醫師合不合得來、費用等等），所以口碑情報終究只能認為是情報之一。

如果能在住家附近找到好醫院，那就再好不過了。如果還是很想把較遠的醫院做為往來的動物醫院，考慮到緊急時的因應，最好還是先找好一間在住家附近的醫院。此外，往來的動物醫院休診日和深夜也有看診的動物醫院，最好也都先列出來。

身體的構造

眼睛：沒有看遠的能力，也沒有從高處往下看，判斷高度的能力。瞳孔為橫長形，是很容易看出上下活動物體的構造。視網膜下面有脈絡膜毯（明毯），即使是微弱的光線也能增幅，所以即便在微暗中仍能視物。眼睛的位置稍偏於臉的側面，可以做雙眼視覺，也能以廣大的視野（270度）看見東西。

鼻子：嗅覺非常優異。出生3個月大之前會認知食物的味道，所以對長大後才遇見的全新食物不容易習慣。鼻面微濕。

耳朵：可以聽到作為獵物的老鼠發出的高音波。耳朵上可能有標示生產農場的刺青。

牙齒：牙齒有34顆（門齒12顆、犬齒4顆、前臼齒12顆、後臼齒6顆）。用來撕裂肉的裂齒（10頁）和長犬齒是肉食動物的特徵。

鬍鬚：向左右長長伸出的鬍鬚，在通過狹窄場所時也能幫助判斷是否能通過。除了頰鬚之外，眼睛上方和前腳等也長有鬍鬚（觸覺毛）。

體型：是適合在狹窄地道內活動的體長腿短身材。身體柔軟，脊椎和肋骨富有柔軟性，在狹窄的地道中也能轉換方向。

趾頭：前後腳各有5根趾頭，擁有適合挖洞的銳利爪子。爪子並無法伸縮。腳掌有蹠球。

尾巴：尾巴稍長，長度約為身體的3分之1。

皮膚：皮膚結實有厚度，尤其脖頸和肩部的皮膚特別厚。皮脂腺多，會散發出雪貂獨特的體味（麝香味）。如果沒有做避孕去勢手術，到了繁殖季節，皮脂的分泌會增加，讓體味變得強烈，底毛也會變黃、發黏。

臉部

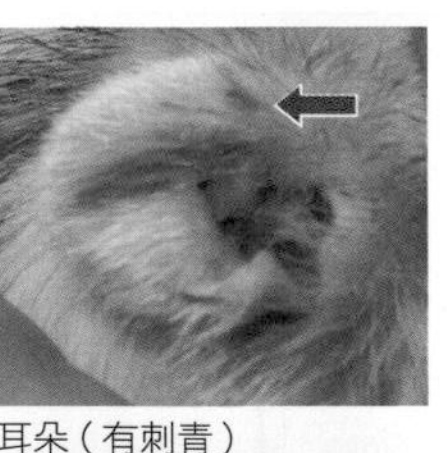

耳朵（有刺青）

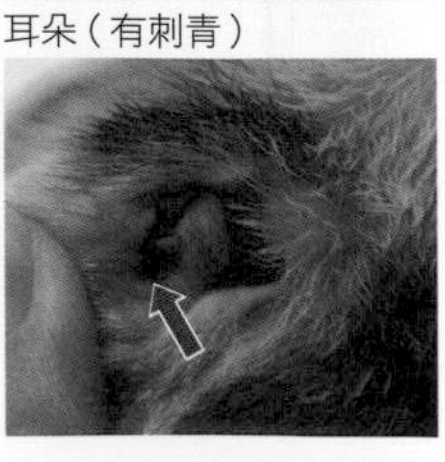

牙齒

被毛：擁有柔軟的底毛（絨毛、芒毛）和粗糙的外層被毛（護毛）。在春天和秋天換毛，夏毛較短，冬毛較長。被毛在冬天通常會變成比較明亮的顏色。

泌尿生殖器官：雌雄的差異在於肛門和生殖器之間的間隔，雄性的距離比較遠。雄性的陰莖有J字型的陰莖骨。

臭腺：肛門旁邊有一對臭腺，會分泌氣味極強的黃色液體（除了正常雪貂之外，都已被去除）。

消化道：因為是肉食動物，所以腸子短（小腸約不到2m、大腸為10cm），食物大約3～4個鐘頭就會通過消化道。

排泄物：正常的糞便為茶色～茶褐色，形狀如香蕉，硬度約如牙膏般。尿液帶有黃色，不混濁。pH值為6.5～7.5（中性）。一天會排尿26～28ml。

體型大小：做過避孕去勢手術的雪貂，體重是0.8～1.2kg。如果沒有做過避孕去勢手術，雄性為1～2kg，雌性為0.6～1kg。沒有做避孕去勢手術時，體重的季節差異會很大，夏天的體重約比冬天減少40％。

生理資料：體溫（直腸溫度）：37.8～40℃，心跳數：200～400次／分鐘，呼吸數：33～36次／分鐘。

壽命：5～11歲。

前腳

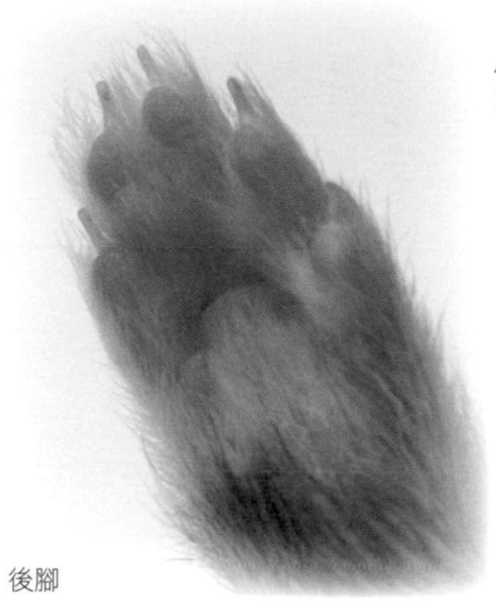
後腳

來做健康檢查

●為了接收到ＳＯＳ

雪貂不會用語言告訴我們牠身體不舒服。因此，當發現牠的樣子明顯不對勁時，就有可能是症狀加重了。

其實雪貂會用語言以外的方法對飼主發出「ＳＯＳ」。請不要忽略牠身體狀況的變化。早期發現疾病，可以讓牠痊癒，也可以從較多的選項中選擇治療的方針。

●進行生活中的健康檢查

外觀或行動的些微變化中可能潛藏著疾病的徵兆。雖說如此，但要一整天注意雪貂的身體狀況而不斷觀察，飼主也會累壞，而且對雪貂來說也會成為壓力。就在每天的生活中，一邊和雪貂做感情交流，一邊善加利用來做為檢查健康的時間吧！

清潔便盆時可以檢查排泄物，餵食時可以觀察食慾，還有看牠遊戲的樣子一邊觀察動作，或是抱抱牠、撫摸牠，梳理時也可以一邊檢查身體各個部位。

●建議做飼養筆記

將每天的照顧和健康狀態做為飼養日記寫下來，當身體狀況有變化時，就可以上溯原因，也可以確認身體狀況的演變。

就算不是每天，最好也能將身體狀況的變化、環境的變化、給了牠不曾給過的食物等等，當出現了某些改變或是有在意的情況時，不妨都記下來。也建議定期測量體重加以記錄。

健康檢查的重點

□眼睛
有眼屎嗎？眼睛是否有白濁？眼睛是否異常凸出？

□耳朵
內側是否髒污？有沒有發臭？

□牙齒和嘴巴
牙齒有沒有斷裂？牙齦是否腫脹或變成紅黑色？牙齒是否髒污？嘴巴有異常臭味嗎？有沒有流口水？

□皮膚和被毛
身體有沒有腫脹或硬塊（尤其是頸部、腋窩等淋巴結、腹部等）？被毛漂亮嗎？有沒有脫毛或皮屑？是否有搔癢的樣子？有沒有傷口？蹠球是否變硬？

□尾巴
有沒有脫毛？有沒有疙瘩？

□排泄
有沒有下痢？糞便顏色是否異常（全黑、綠色等）？排泄是否中斷？排泄次數是否極端不同？排泄時是否顯得痛苦或是花費較長時間？原本學會的定點排泄是否突然失敗了？

□泌尿生殖器官
雌性的外陰部是否腫脹？

□呼吸
有沒有咳嗽？有沒有打噴嚏？有沒有流鼻水？呼吸是否顯得痛苦？

□體重
是否有不自然的體重減少或增加？

□飲食
有食慾嗎？吃東西是否會掉渣？有沒有嘔吐？飲水量是否有增加？

□行動
是否顯得慵懶？動作是否不靈活？會不會拖著後腳走路？起床時間和平常是否不同？老是在意身體的一個部位嗎？是否在活潑的時間發呆？有沒有突然變得具攻擊性？

□不要忽略掉「好像怪怪的」
當經常看著雪貂的飼主覺得「雖然說不上來哪裡不對勁，卻好像怪怪的」時，或許真有什麼異常變化也不一定。請仔細觀察健康狀態，如果無法安心，就帶去動物醫院吧！

請多關照喔！

雪貂常見的疾病

腫瘤

胰島腺瘤

這是胰臟中名為胰島β細胞、負責分泌胰島素的組織長了腫瘤所引起的疾病，也稱為胰島細胞瘤。

胰島素是能將血液中的醣質帶進體內的荷爾蒙。以正常狀態來說，當醣質從飲食中被吸收至體內，血糖值就會上升，於是胰島素便會開始分泌，將醣質轉變成熱量；等到血糖值下降，胰島素的分泌也會減少。

但是一旦罹患胰島腺瘤，無關血糖質多寡，胰島素都持續分泌，不斷消耗醣質。就算空腹等體內醣質不足時，也會消耗醣質，因而引發低血糖。

胰島腺瘤是雪貂4～5歲後好發的疾病，可以藉由血液檢查（在空腹時進行）診斷出來。

胰島腺瘤通常是惡性腫瘤。雖然不會轉移，不過手術後還是有再度發病的可能。

【症狀】空腹時因為熱量不足，所以會缺乏活力。變得經常睡覺，醒著時也多半顯得慵懶、沒有活力、呆滯等。後腳也可能變得無力。還有，因為噁心想吐，所以會流口水，或是用前腳磨擦嘴巴周圍，吹出泡泡等。如果症狀加重，可能會顫抖、痙攣、失去意識。

【治療】進行腫瘤摘除手術，或是投與潑尼松（Prednisolone）等類固醇劑，或是氯甲苯噻嗪（Diazoxide）之類的胰島素分泌

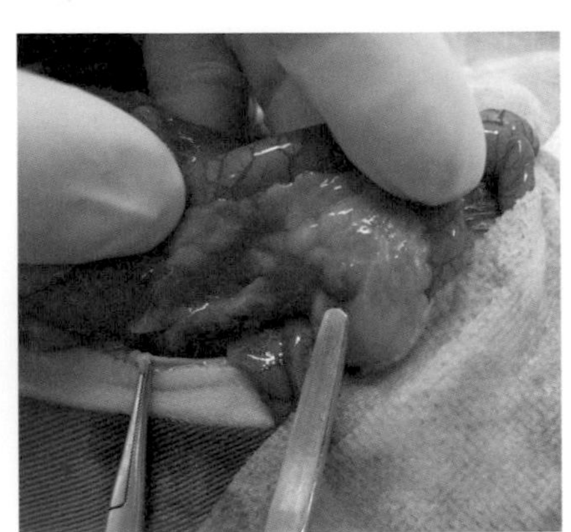

胰島腺瘤。在胰臟形成了米粒～紅豆大的腫瘤。

低血糖的結果，出現四肢抽筋發作（胰島腺瘤）。

抑制劑來控制血糖值（並非完全治癒的藥物）。

在家中痙攣發作時，可給予葡萄糖液（糖漿或蜂蜜亦可）等醣質。只不過，除了緊急時以外，不應給予過多的糖分（每當給予時就有促使胰島素分泌造成低血糖的風險）。痙攣發生時讓牠飲用是很危險的，請擦拭在牙齦上即可。

＊看護：飲食要避免醣質（碳水化合物）多的食物，給予高蛋白質的飲食。增加餵食的次數，以避免血糖值下降。

【預防】 預防胰島腺瘤並沒有絕對的方法，不過有人認為原因可能是澱粉質（碳水化合物）過多的飲食。總之，這樣的飲食並不適合雪貂，所以請給予充分含有動物性蛋白質的飲食吧！

也有些個體不會出現明顯的症狀，所以4歲之後請接受健康檢查（含血液檢查），注意早期發現。

淋巴癌

這是在頸部、腋窩、縱隔（肺部之間）、鼠蹊部等的淋巴結、脾臟、肝臟、腸道、骨髓、肺臟、腎臟等淋巴組織形成腫瘤的疾病。

這是年輕個體上常見的腫瘤（即使只有出生約4個月大也會發生），但高齡個體也會發生。

可藉由X光線檢查或血液檢查、細胞學檢查（將細針刺入懷疑是淋巴癌的腫瘤裡，取出細胞進行檢查）等進行診斷。

【症狀】 會出現沒有活力、失去食慾、體重減輕等非特異性症狀（非該疾病特有的症狀）。另外，如果長在淋巴結，會腫得很大；如果長在胸腔，會壓迫肺部造成呼吸困難；若是長在腹腔內，則會壓迫消化道造成食慾不振等，症狀會因淋巴癌生長的部位不同而異。年輕的雪貂病程進展快速，可能會急速衰弱。

過了1歲後，就不會出現急遽的症狀進行，而是非特異性症狀變得慢性化。

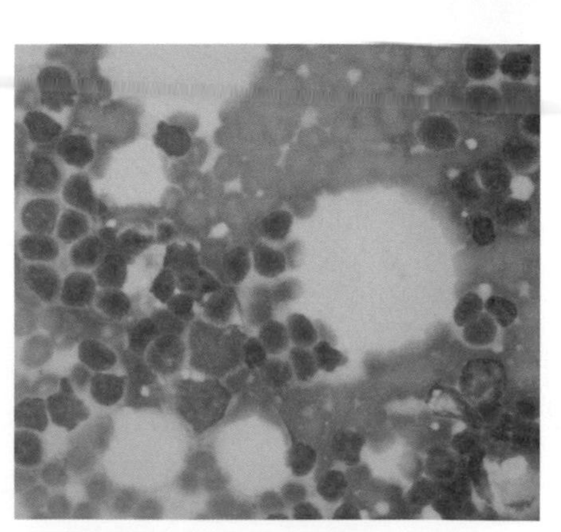

進行檢查腫脹淋巴結的淋巴癌診斷。

會週期性地反覆發生有症狀的時期和好像痊癒了的時期。

【治療】進行抗癌藥物的化學療法。因為有副作用，建議和獸醫師充分商量後再決定。

就算長淋巴癌的地方只有一處，癌細胞還是會隨著淋巴液循環全身，所以幾乎沒辦法進行切除手術。這種情況也是進行化學療法。

【預防】由於難以預防，所以還是注意早期發現吧！因為兄弟姊妹或同居的雪貂間也可能發病，因此有一說懷疑是病毒性。或許避免罹患淋巴癌的個體和其他個體做親密的接觸還是比較好吧！

腎上腺疾病

腎上腺位在腎臟旁邊，左右一對，約比紅豆還小一點，是非常小的臟器。腎上腺和荷爾蒙分泌的機能有關，會分泌類固醇激素、腎上腺素，另外，雌貂會分泌雌激素，雄貂則會分泌雄激素等性荷爾蒙。

腎上腺一旦長了腫瘤，性荷爾蒙就會過度分泌，發生各種問題。

原因目前並不明瞭。日本販賣的雪貂大多是從美國的農場進口，幾乎出生後幾個禮拜內就會施行避孕去勢手術。也有人懷疑在尚未性成熟（雌貂約出生後半年，雄貂約出生後1年半），整個身體的成長還沒有完成的時期就進行手術，或許就是原因之一。

此外，和較少發生這種疾病的英國的飼養環境比較後，也有推論認為或許原因在於飲食的差異（美國是餵寵物飼料，英國則是餵生食）、飼養場所的不同（美國在室內，英國在屋外）等等。

過了中年期後，罹患腎上腺腫瘤的情況就會變多。多為良性，是不容易轉移的腫瘤。

可藉由症狀、超音波檢查、類固醇激素的檢查等進行診斷。

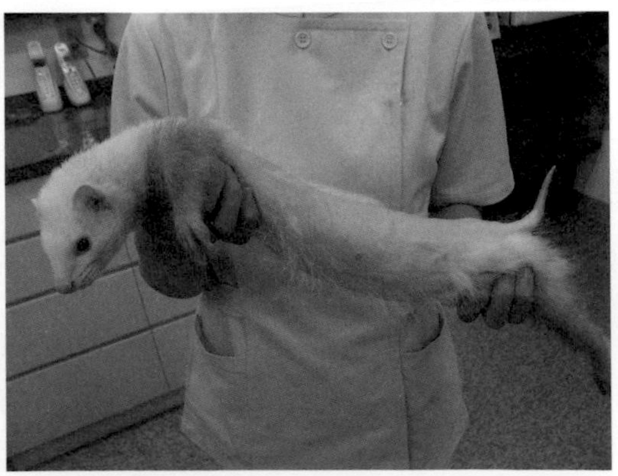

特徵是尾巴和身體的脫毛（腎上腺疾病）。

【症狀】從尾根部開始，臀部、側腹部等會出現左右對稱的脫毛。脫毛也可能擴及全身，有時也會伴隨搔癢。或是出現性行為（攻擊性提高、做記號、雄性向雌性求愛等）。

雌性的情況：會持續生殖器腫大或乳腺腫脹等有如發情般的狀態，嚴重時會發生貧血。

雄性的情況：性荷爾蒙影響到前列腺，使得排尿變得困難或引起尿路阻塞。

【治療】進行腎上腺摘除手術。通常都是右側的腎上腺發病，少見兩側一起發病的，不過就算是這種情況，也不能將左右腎上腺全部摘除，要有一側部分性地保留才行。右側經常和大靜脈沾黏，所以切除時要慎重（左側比較容易切除）。

在內科療法上，可以注射柳菩林（Leuprorelin acetate）這種抑制荷爾蒙過剩的藥劑，或是投與調整褪黑激素等生理均衡的藥物等。

【預防】仔細觀察雪貂的樣子，注意早期發現是很重要的。有人認為等充分成長後再施行避孕去勢手術可以預防，不過所謂的「正常雪貂」並不易獲得，而且除了個體的價格之外，還要花費避孕去勢手術、臭腺摘除手術的費用，飼養者的責任也很大，可說是難以實現。

此外，日照時間也會影響性荷爾蒙的分泌。在野生狀態下，雪貂會在日照時間變長的春天迎接繁殖季節；但是在家庭中的雪貂，不只是白天，連夜晚也待在明亮的室內，一般認為這可能就是腎上腺為了繁殖而活潑作用的原因。

在美國，會將室內的全黑時間設定為14個鐘頭，紫外線燈（全光譜）的照明時間設定為10個鐘頭，藉由這樣的治療，可以期待在黑暗時間分泌的褪黑激素帶來預防內分泌系腫瘤的作用。

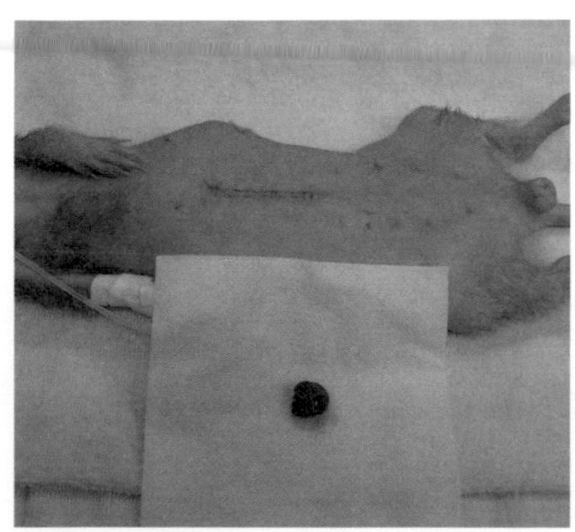
腎上腺腫瘤的摘除。

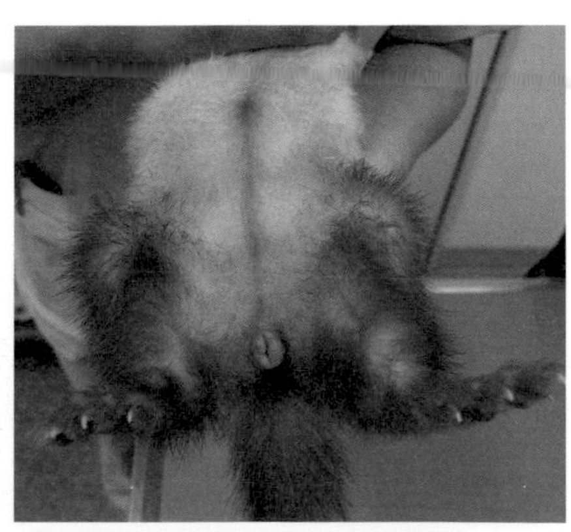
雌性的腎上腺疾病可能會出現陰部腫脹。

肥大細胞瘤

發生在雪貂皮膚上的腫瘤。源自於肥大細胞，為2～10㎜左右的小「疙瘩」，經常出現在頸部和肩膀、身體（軀幹）上。

肥大細胞存在於粘膜下的組織和結締組織中，是釋放和過敏反應有關的組織胺等化學物質的細胞，有引起過敏導致皮膚發疹的作用。

皮膚的腫瘤一到高齡就會變多。肥大細胞瘤在貓狗身上大多是惡性的，但是在雪貂身上，一般認為幾乎都是良性的。

同為皮膚腫起可見的腫瘤，另外還有脊索瘤。脊索是動物誕生的初期階段可見的組織，成長後就變成脊椎。大多數的脊索瘤，都是尾巴末端會如球般膨起。脊索瘤雖然被分類為惡性腫瘤，不過出現在雪貂尾部時，似乎很少會轉移。

【症狀】皮膚上形成界線分明、沒有長毛的結節（皮膚膨脹隆起的疙瘩）。可能只長一個，也可能一次會出現好幾個。

有的可能會充血，也有的會形成黑色滲水的瘡痂狀。如果伴隨搔癢的話，可能會抓破皮。

【治療】施行切除手術。檢查切除部位的細胞，確認是良性還是惡性的。

【預防】難以預防，請注意早期發現。平日做為感情交流，在撫摸或按摩身體時，或是洗澡、梳理的時候等，最好都要仔細觀察。

牙齒的疾病

牙齦炎

這是牙垢中的細菌引起牙齦發炎的疾病。

吃完東西後，食物殘渣會附著在牙齒表面。如果放著不管，就會慢慢變成細菌結塊的牙垢。

就貓的情況來說，牙垢只要1個禮拜的時間就會變成牙結石，黏著在牙齒表面。一旦成為牙結石，牙垢中的細菌雖然會死亡，不過牙齒表面卻會變得凹凸不平，牙垢再不斷地附著，形成牙結石。

牙垢和牙結石如果進入牙齦和牙齒間的牙周囊袋，就會引起牙齦發炎。

以雪貂而言，牙齦炎似乎很少會嚴重惡化，但如果持續進行，引起牙周炎後，可能會造成牙齒鬆動、掉牙，或是病原菌循著血流擴及全身，引起心臟或肺臟、腎臟的疾病。

這是到了高齡就越容易罹患的疾病。

【症狀】出現口臭。如果是健康的牙齒，上面應該沒有牙垢，牙齦會呈粉紅色；但是罹病時牙齒則會變成黃色或褐色，出現牙齦腫脹或出血的情況。症狀加重時，會變得難以進食，或是開始流口水。也可能會出現不想吃硬的飼料，不咬著東西玩等情形。

【治療】如果嚴重的話，就要進行洗牙（刮除牙結石）。也可能會投與抗生素以抑制發炎。即使治療成功，但之後若缺乏適當的照顧，還是會復發。防止復發是很重要的。

【預防】最好從小開始就養成刷牙的習慣，尤其容易附著牙垢的是上顎的第1小臼齒和第2小臼齒（靠近犬齒的小臼齒）。

野生的肉食動物之所以不會罹患牙齦炎，是因為牠們為了咬斷獵物會經常使用牙齒，在啃咬時，骨頭和肉也會刮除牙齒的表面。而在飼養狀態下，如果老是吃柔軟的食物，就容易附著牙垢。充分咀嚼的飲食，可以期待在咬的時候順便去除牙齒表面牙垢的效果。

牙髓炎

牙髓是指位在牙齒的中心部，神經和血管通過的部分。當牙齒折斷、缺損，或是磨耗而造成牙髓露出，引起發炎時，就是牙髓炎。牙齒的神經一被碰觸就會有激烈疼痛，或許各位讀者大多也有過親身經驗。雪貂當然也一樣，牙髓一露出就會感覺到強烈的疼痛。感染也可能從牙髓深入牙根，症狀一旦加遽，病原菌甚至會擴及全身。

雖然大多發生在犬齒，不過其他牙齒也可能會發生。

造成牙齒折斷的原因有哪些呢？大多數都是在啃咬籠子的鐵絲網時折斷的；

犬齒折斷後，牙髓露出。

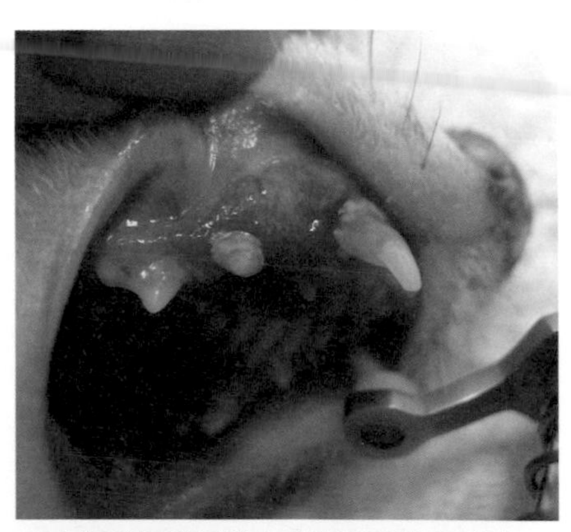

在犬齒牙結石的影響下，牙齦受到波及而發炎。

也有從高處摔落，撞擊到顏面時折斷牙齒的例子。

啃咬玩具大多有去除牙垢或是紓解壓力等良好的效果，不過老是咬過硬的玩具，也會造成牙齒耗損而使得牙髓露出。

此外，雖然最近已不太聽聞，不過以前曾經有以雪貂「會咬人」的理由，進行切除犬齒的處置，這也可能會造成牙髓炎發生。

【症狀】牙齒（尤其是犬齒）的末端缺損，殘餘的牙齒泛黑變色。出現因為疼痛不想吃堅硬的食物，或是不喜歡嘴部受到碰觸、不玩啃咬玩具等情況。就算牙齒末端缺損，但只要牙髓沒有露出，就不會有疼痛的症狀。

【治療】進行牙冠修復等牙內治療或是投與抗發炎藥劑、抗生素等。視狀態進行拔牙。

【預防】不要讓牠啃咬籠子的鐵絲網。在空間充分的籠子裡先放入可以啃咬的玩具，或是讓牠從籠子裡出來充分玩耍。

此外，市面販售的飼料比野生鼬所吃的食物還硬，所以會發生進食引起的牙齒咬耗（由於進食等自然現象所造成的牙齒磨損）。到了某種程度的年齡後，健康檢查時就要請醫師仔細檢查牙齒。

消化器官的疾病

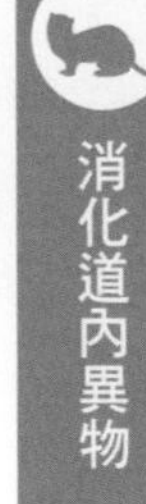

消化道內異物

雪貂是經常啃咬週遭各種東西的動物。

尤其是年輕的個體，喜歡像海綿或橡皮般有咬勁的東西。橡皮擦、耳塞、耳機的末端、遙控器的按鍵、保麗龍、橡膠拖鞋和橡膠涼鞋、塑膠製品，或是浴巾或布類等也經常被雪貂啃咬。不只是啃咬，也會將咬碎的異物碎片吞下去，因此會阻塞在消化道內（消化道內異物）。

上了年紀後，越常發生的是毛球症。雪貂在舔身體理毛時會將脫落的毛吃下去，如果僅是微量，可以排泄出去；然而到了高齡，消化道機能日漸衰退，脫落毛就容易堆積在消化道中，形成毛球塊。

【症狀】失去活力、沒有食慾、出現下痢等症狀，也會出現噁心導致流口水和摩擦臉部的動作、嘔吐、便秘、糞便變小變細等。

異物如果較大，通過幽門（胃部通往腸子的出口）或腸道時會產生強烈的疼痛，腸道一旦阻塞，可能會急速衰弱，連走路都不願意。

【治療】如果吞入的東西小且只有微量，只要給予緩下劑，就可能讓它排泄出來。一般大多會開刀去除。

【預防】將啃咬吞下會有危險的物品拿開。檢查鋪在籠子裡的地墊、吊床等布類、啃咬玩具有沒有被雪貂咬壞。請不要給予隨便一咬就會壞掉的玩具，或是附著的小零件好像很快就會被扯掉的玩具。

雪貂在籠子裡無聊時就會想咬東西來消除壓力，所以須注意籠內的環境。放牠到房間時，也必須確認牠在玩些什麼。

要預防毛球症，也可以定期給予市面上販售的化毛膏。還有，換毛期請進行梳毛以去除脫落毛。

球蟲病

由於原蟲中的球蟲這種寄生蟲寄生在消化道內所引起的疾病。就算寄生，但只要免疫力高，就不會有症狀；不過當免疫力降低時，就會增殖、發病。尤其常見於年紀小、體力還不夠的幼貂身上。

球蟲是單細胞寄生蟲，會在動物體內產下未成熟的卵囊（像卵一樣的東西），混合在糞便中被排出。

經過數天後，卵囊成熟，在其中形成孢子，就稱為成熟卵囊。

動物如果吃到或舔到遭混有卵囊的糞便污染過的籠子地墊或食物等，成熟卵囊就會進入動物體內。

在體內，稱為孢子蟲的蟲體會從成熟卵囊脫出，在腸內增殖，而且其中一部分會藉有性生殖形成卵囊，和糞便一起被排出，反覆進行這樣的循環。排出體外的卵囊，傳染力可長達數個月，所以只要環

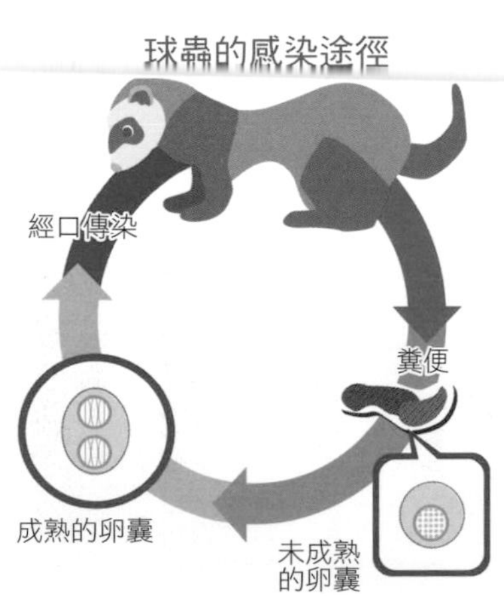

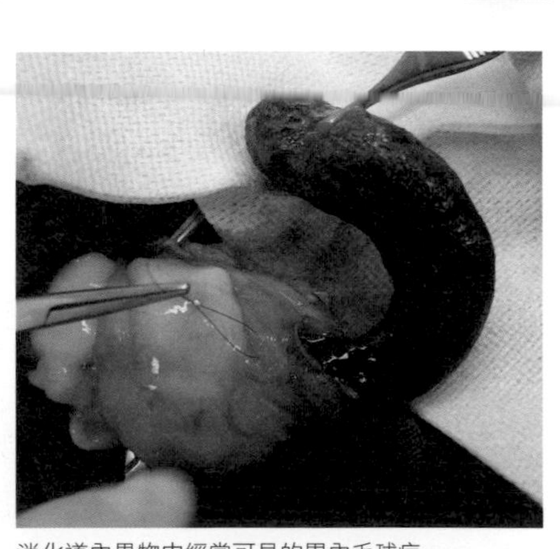

消化道內異物中經常可見的胃內毛球症。

境不衛生就會傳染給其他個體，或是同一個體一再地重覆感染。

從「經由感染動物的糞便進行傳染」這個途徑來思考的話，集體飼養管理下的雪貂可能全部都受到感染了。如果要迎進新的雪貂，建議先進行檢便。球蟲原蟲有許多種類，寄生在雪貂身上的等孢球蟲屬球蟲和貓狗是共通的，所以若家中有飼養貓狗，也同樣必須注意。

除此之外，已知雪貂身上還會有梨形鞭毛蟲、小隱孢子蟲等原蟲寄生。

【症狀】通常沒有症狀。年幼的個體容易發病，變得沒有活力，失去食慾，出現下痢（可能會有血便）、流口水、嘔吐等症狀。也可能會發生下痢導致的脫水症狀。

【治療】藉由檢便確認球蟲的卵囊，投與抗原蟲藥或驅蟲藥。考慮到原蟲的生命週期，至少要持續治療2個禮拜。

由於同籠個體也有感染的可能，因此要進行檢便。但須知道的是，就算感染了也未必就能在糞便中找到卵囊。

【預防】壓力會讓免疫力日益下降。迎進幼小個體後，請注意不要給予壓力。儘早進行檢便。

球蟲的卵囊混在糞便中被排泄出來後，並非立即擁有感染力，所以須經常清掃籠子，整頓成衛生的環境，避免再度感染。

在原本就有雪貂的家中迎進新個體時，要設定「檢疫」期間（113頁），在此期間最好先進行包含檢便在內的新個體健康檢查。

下痢。球蟲病很容易出現在年輕的雪貂身上。

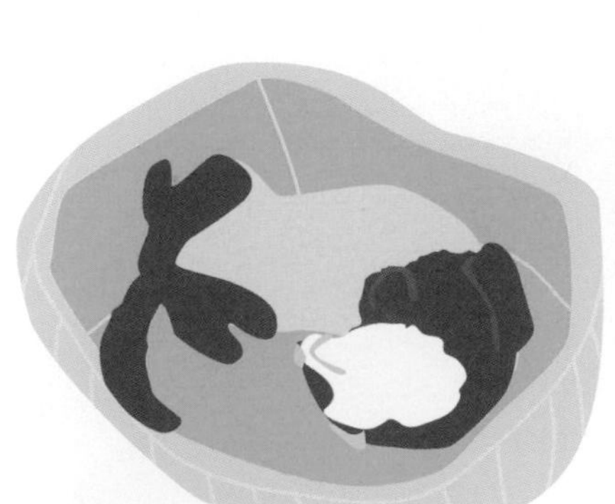

泌尿器官的疾病

尿路結石

這是在尿路（腎臟、輸尿管、膀胱、尿道）形成結石的疾病。所謂的結石，是尿液中所含的鈣、鎂、磷或草酸、尿酸等礦物質成分凝固而成的東西，有些大的會形成數公分的塊狀，也有些是呈砂狀。

結石的原因並不明確，一般認為原因可能是跟尿液的pH值（過度偏酸性或鹼性）、尿液中的礦物成分過剩、水分攝取太少只能形成少量尿液等有關。

就雪貂來說，一般認為和飲食有關。雪貂最常見的是鹿角狀結石（磷酸氨鎂結石）。鹿角狀結石在尿液呈鹼性時較容易形成，而當飲食中植物性蛋白質較多時，尿液就會成為鹼性。你或許會認為「我家都給予雪貂飼料，不會有問題」，其實有些品質不好的飼料為了增加體積，也會大量使用穀類等碳水化合物，所以選擇充分含有動物性蛋白質的飼料是很重要的。

也可能會形成草酸鈣結石。發生這種情況時，鎂或鈣的過度攝取是原因之一。

症狀主要是排尿困難（詳細請參考「症狀」），如果是雄性，也可能是因為腎上腺腫瘤引發前列腺疾病，而引起尿道阻塞。

【症狀】在便盆做出排尿的樣子，但卻很難排出尿液或是排不出來。出現一再上廁所卻總是少量少量地排尿、血尿、排出含砂狀結石的泥狀尿液、無法做到早已學會的定點如廁而隨地小便、漏尿造成陰部潮濕、老是在意陰部等症狀。

結石如果堵在尿道造成閉塞，會有強烈的疼痛感，排尿時可能會發出哀嚎。也會出現失去活力、沒有食慾的症狀。

【治療】藉由尿液檢查、X光檢查或血液

尿液中可以看到鹿角狀結晶。

檢查進行診斷。不過X光檢查可能會不易察覺雄性陰莖骨旁邊的結石。

結石如果非常小或是呈砂狀，可藉由點滴補液等增加水分攝取，提高尿量使結石容易流出。

也可能施行洗淨膀胱的處置，不過雪貂的雄性有J型的陰莖骨，要穿過導尿管進行處置是有困難的。

結石也可藉手術取出。

鹿角狀結石的治療方法也有改變成適當的飲食內容（充分含動物性蛋白質的飲食）、使尿液的pH值呈酸性後溶解結石等。也可能會使用貓用的處方食品。

引起尿路感染症時，就投與抗生素。

【預防】給予充分含動物性蛋白質的飲食。還有，也必須讓雪貂充分飲水才行。

結石放著不管會逐漸變大，更加不易排出，所以早期發現是很重要的。

心臟的疾病

心絲蟲病

也稱為犬心絲蟲病。目前已確知是以蚊子為媒介的犬隻疾病，但是雪貂也會感染。

動物如果感染到心絲蟲，其幼蟲（微絲蟲）就會在動物血液中流動。當蚊子吸食動物血液時，體長300 μm的微絲蟲就會進入蚊子體內，成長到擁有傳染能力的程度；當蚊子再去叮咬其他動物時，幼蟲便侵入該動物的體內，在皮下或肌肉內成長，然後移動到心臟或肺動脈，變成成蟲。成蟲雄性有10～20 cm，雌性則有25～30 cm。成蟲會產出微絲蟲，反覆進行生命週期。

心絲蟲的成蟲寄生在心臟的前大靜脈、右心室、肺動脈中，引起充血性心臟衰竭（做為幫浦的心臟機能低下）。雪貂的心臟是直徑約只有2.5 cm的小臟器，只要有1～2隻的心絲蟲成蟲寄生，就足以致命。

發病後的治療雖然不易，但卻是可充分預防的疾病。

【症狀】出現失去活力，顯得疲倦慵懶、咳嗽、呼吸困難、腹水堆積、心臟雜音等症狀。心絲蟲的成蟲如果塞在肺動脈，可能會導致猝死。

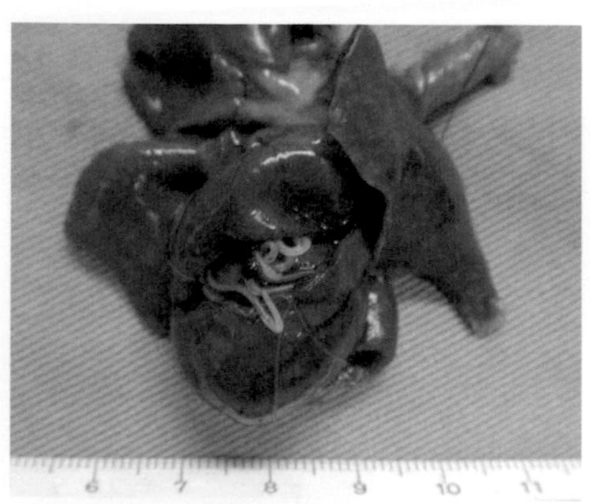
寄生在心臟內的心絲蟲（白色細長的蟲）。

【治療】藉由臨床症狀、抗體檢查、血液檢查或超音波檢查等，可以診斷出是否有心絲蟲寄生。

就狗狗的情況而言，目前已知有投與驅蟲藥殺死心絲蟲成蟲的方法，或是實施摘除成蟲的手術等；但若是進行驅蟲的話，其屍骸也有堵住血管的危險，在治療上是有困難的。

【預防】最重要的還是預防。在容易經由蚊子傳染的時期（初夏～秋天。東京一般為5～11月），一個月要投與一次可有效殺死微絲蟲的預防藥物。

如果是狗狗，當體內有成蟲時，讓牠服用預防藥物是有危險的，所以一般會做檢查以確定有沒有寄生。至於雪貂的情況，即使只有一隻寄生，也大多能由臨床症狀判斷出來，所以可能會不做檢查就讓牠服用預防藥物。

如果有接觸狗狗的機會或是帶到戶外的機會，不妨請醫師處方預防藥物。

外部寄生蟲

跳蚤

狗蚤或貓蚤會寄生在雪貂身上。尤其常見的是貓蚤。貓蚤雄性約為1.2～1.8mm，雌性約為1.6～2.0mm。

大部分都是因為和有跳蚤寄生的貓狗接觸過，或是待在有跳蚤的環境裡而出現暫時性寄生。

跳蚤的成蟲寄生在動物身體上，但產下的卵會掉到地上，在地上孵化後再轉移到動物身上。如果只驅除身體的跳蚤，卻沒有保持住處清潔，就會再度遭到寄生。

【症狀】大多寄生在頸部和背部，可以在皮膚上或被毛間發現跳蚤或是黑色的跳蚤糞便。搔癢感強烈，會經常搔撓身體，因此可能會形成傷口或是出現脫毛。若大量寄生在幼弱個體身上，可能會發生貧血。

【治療】用除蚤劑治療，同時保持飼養環境衛生。

【預防】不要讓有跳蚤寄生的貓狗和雪貂接觸。跳蚤好發於夏天，所以要做好溫度管理以避免形成跳蚤喜歡的高溫、高濕，飼養環境要保持衛生。

如果經常有機會和可能遭受跳蚤寄生的貓狗接觸，或是有帶到戶外的機會，就必須進行預防。貓狗用的除蚤・預防藥物有許多種，但其中也不乏被認為對雪貂有危險的種類。一般認為安全性較高的是「輝瑞寵愛（Revolution）」。不過要理解的是，這種藥並非是針對雪貂的專門藥，如果要使用，一定要由動物醫院處方。若是飼養複數雪貂（或是貓狗），也可能會寄生在其他個體身上，最好同時進行預防。

耳疥蟲

耳疥蟲（耳疥癬蟲）會寄生在耳朵內側的皮膚表面，以吃耳垢和分泌物為生。

當和有耳疥蟲寄生的動物（不只是雪貂，還有貓狗等）接觸時，就會被感染。

耳疥蟲不僅寄生在耳內，也會寄生在其他地方；當雪貂蜷曲身體睡覺時，也可能會寄生在靠近耳朵的尾巴上。

【症狀】耳朵堆積黑褐色的耳垢，散發出難聞的味道。有搔癢感，所以會搔撓耳朵或是甩頭。不喜歡被人碰觸耳朵。搔撓的地方可能會形成傷口或是發炎，也可能會因為搔癢的壓力導致缺乏食慾並喪失活力。

嚴重時會引起內耳炎，頭部歪向一邊（感染側）。

有些雪貂不會出現症狀，而且在正常情況下，耳垢也可能是紅黑色的。如果覺得耳垢變多了，還是儘早接受診察吧！

【治療】可以藉由耳垢的顯微鏡檢查判斷是否有耳疥蟲寄生。

治療的方法之一，是在清潔耳朵後，滴入疥蟲殺劑。但缺點是雪貂的耳道狹窄，藥劑可能無法滲透到內部，或是因為雪貂掙扎亂動而無法有效點藥。另一個方法則是注射驅蟲藥。

一般來說，疥蟲殺劑只對耳疥蟲的成蟲有效。就算成蟲死了，卵還是在，約3個禮拜後又會變為成蟲。因此，投藥並非一次就結束，必須每隔2個禮拜投藥，進行3～4次的治療。

有其他感染耳疥蟲的動物時，也要同時進行治療。

【預防】避免和有耳疥蟲寄生的動物接觸。自己的雪貂如果有耳疥蟲，也最好不要帶去有許多雪貂聚集的活動會場。

就算動物彼此沒有直接接觸，睡鋪也可能會成為媒介。

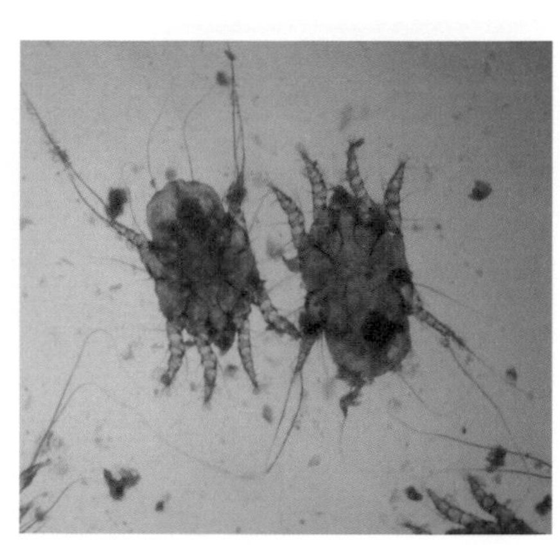

年輕的雪貂常見耳疥蟲症。

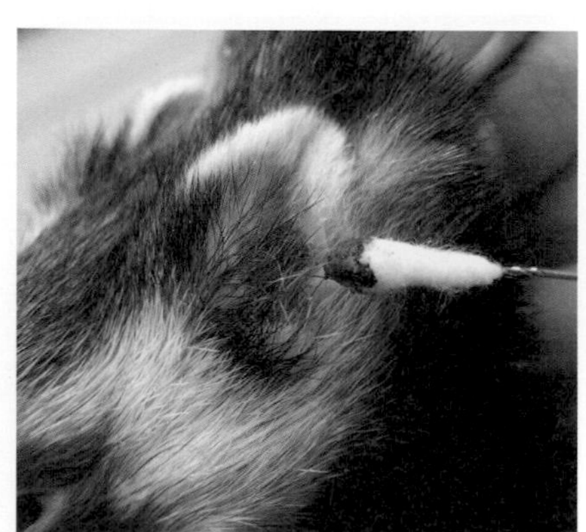

耳疥蟲寄生會導致搔癢，增生黑色耳垢。

眼睛的疾病

漸進性視網膜萎縮症

視網膜是位於眼底的薄膜，聚集著感光細胞。以相機來說，可以比喻為底片，在視物上是非常重要的組織。

漸進性視網膜萎縮症，就是位在視網膜上的桿狀細胞（感知光線）和錐狀細胞（在明亮處也可視物）發生變性的疾病。

一般認為原因可能是遺傳或是營養不良（欠缺牛磺酸）。

【症狀】雪貂本來是夜行性的，在微暗處也能視物，若是發病就會變成夜盲症（在黑暗中無法視物）。症狀如果持續進行，就會變成即使在亮處也看不見。

若是雪貂看著你的方向，但當你觸摸牠時，牠卻表現出驚嚇的樣子，就有可能是視力低下。

【治療】沒有治療方法。雪貂本來就是仰賴嗅覺和聽覺多於視覺的動物，所以儘量不改變飼養環境，例如不更動物品的位置等，或是以聲音或震動來傳達你的存在，應該也能毫無障礙地生活。

【預防】在後天原因上，一般認為很可能是牛磺酸不足所造成的，所以選擇飼料時，最好確認是否含有牛磺酸。

如果考慮繁殖，就不應使用有此疾病的雪貂。

白內障

白內障是雪貂常見的眼睛疾病。這是眼睛擔任鏡頭角色的水晶體變得白濁，使得光線無法透過而失去視力的疾病。

目前已確知原因在於老化，不過除此之外，還有遺傳性、營養性的白內障。

在營養性方面，有氧化脂肪多而形成活性氧，致使水晶體的蛋白質劣化所引起的白內障，以及缺乏維生素A所引起的白內障。至於其他動物的情況，維生素E和蛋白質缺乏也可能是原因。

白內障一旦進展，可能會形成白內障誘發的葡萄膜炎，出現縮瞳、角膜浮腫、斜視等。

【症狀】單眼或兩眼出現症狀。初期時，在燈光照射下觀察眼睛，可以看到水晶體上有泛白的薄膜，一旦進展就會變成完全白濁。視力慢慢衰退，等到變得完全白濁時，就失去視力了。

白內障造成水晶體白濁。

【治療】治療很困難。如果是狗狗，可以藉由手術裝入人工水晶體，不過就雪貂來說這種手術並不普遍。

只要儘量不改變物品放置場所等飼養環境，並在接近時多加注意（不要突然碰觸，要先發出聲音或是以震動來告知己方的存在），還是可以過日常生活的。

【預防】老化所引起的白內障是老化現象之一，所以無法預防。想要預防遺傳性白內障，就不要使用認為有遺傳性白內障的雪貂來進行繁殖。

要預防營養性的白內障，須注意的是不要餵食老舊飼料，並且要給予營養均衡的飲食。

雪貂的視覺障礙・聽覺障礙

有些雪貂在視覺或聽覺上有障礙。有些是因為某些疾病或意外造成的，而在白子或淡色被毛的雪貂中，也可見因為遺傳而擁有視覺障礙或聽覺障礙的個體。不過，如果是在飼養下，只要有飼主的支援，就可以毫無問題地快樂生活。

首先是不隨便改變飼養環境。即使眼睛看不見，雪貂還是能夠記住飲食的場所、便盆、睡鋪等地點。

必須注意的是要將雪貂抱起來或是碰觸牠的時候。在沒有察覺到你的存在時突然碰觸牠，會讓雪貂極度驚嚇，所以不要突然碰觸牠的身體。如果有視覺障礙，請試著出聲叫牠，或是弄響會發出聲音的玩具等；如果有聽覺障礙，就試著敲敲附近的地板，以震動讓牠知道有人接近，或是開關電燈。

病毒性疾病

水貂阿留申病

由於感染到細小病毒而引起的疾病。由最初發現感染的水貂品種命名。也有人以「ＡＤ」的簡稱來稱呼。對阿留申系的水貂是致命性的疾病。

病毒會感染肝臟和腎臟、脊椎、消化道等，不過就算感染到雪貂，也大多不會顯現出嚴重的症狀。

病毒會藉由已感染之雪貂的排泄物和唾液等進行傳染。

【症狀】不太有非常明顯的症狀，病情的進展緩慢。會出現腳步不穩、運動失調或麻痺、體重減輕、失去活力、黏膜變白、肝臟或脾臟出現腫瘤、血便等症狀。一旦罹患水貂阿留申病，就會影響到免疫力，而變得容易罹患其他的疾病。

【治療】一旦感染，血液中的 γ 球蛋白值就會上升，所以要藉由血液檢查，以γ球蛋白值和抗體值，以及其他的臨床症狀來做診斷。

沒有疫苗，也沒有特別的治療方法。只能採取因應症狀的對症療法，例如為了預防體力低下而強制餵食等。

【預防】定期進行抗體檢查。請避免和已感染的雪貂接觸。必須理解的是，只要前往多數雪貂聚集的場所，就有感染的風險。如果家裡的雪貂已經感染了，請避免帶往有雪貂聚集的活動。

犬瘟熱

感染到犬瘟熱病毒而引起的疾病。目前已知犬科、鼬科、浣熊科的動物都會受到感染。據說雪貂感染的致死率幾乎達100%。

病毒一旦進入體內，就會隨著血液擴及全身，經過7～10天的潛伏期後發病。

傳染途徑大多是打噴嚏或咳嗽造成的飛沫傳染，除此之外，接觸到眼睛或耳朵的分泌物、排泄物、皮膚時也會傳染。

【症狀】嘴唇或下巴出現疹子，腫起變硬，或是蹠球變硬。也會出現肛門或鼠蹊部的皮膚炎。除此之外，也可見缺乏食慾、失去活力、發燒、畏光、眼瞼痙攣、高黏度的眼屎或鼻水等，症狀加重時也會出現咳嗽。

【治療】藉由臨床症狀和抗體檢查等進行診斷。沒有有效的治療方法，主要採取對症療法。

【預防】疫苗接種是最好的預防對策。不只是為了守護自己的雪貂，也是避免讓其他雪貂受到感染的方法。

※並非生病的雪貂。

關於瘟熱病疫苗的接種

日本並沒有已認可的雪貂用瘟熱病疫苗。因此，飼主如果希望的話，可用犬用疫苗來代替接種。目前常用的大多是2合1或3合1混合疫苗，也就是會注入包含犬瘟熱在內的3種抗原（可在體內形成針對該病原體的「抗體」的物質）。

雖然到目前為止有許多雪貂接種犬用疫苗的實績，不過考慮到這些疫苗是為不同種類的動物而開發出來的，而且接種疫苗的問題點（詳見後述）也非全然沒有，還有感染犬瘟熱病毒的風險等等，還是應該和往來的家庭獸醫師充分商量後再決定是否接種。如果完全不會帶到戶外，或是不會和其他狗狗或雪貂接觸，就不會有感染的機會，或許就沒有接種的必要。

❖疫苗的注意事項

疫苗的原理是，接種死毒或弱毒的病原，以培養對該病毒的免疫力。疫苗的開發拯救了許多人和動物的性命，但還是有幾點須知的注意事項。

疫苗的效果：有些體質可能無法形成足夠的抗體。調查抗體效價（對該病毒的抵抗力有多少），如果抗體效價沒有提升，或許就要考慮追加接種，或是檢討使用不同種類的疫苗。

過敏：有時在接種疫苗後會隨即發生過敏症狀。也可能會出現下痢、發燒、嘔吐等不適，所以接種後約30分鐘內不要馬上離開醫院，在醫院或醫院附近觀察一下情形會比較安心。

犬瘟熱的發病：雖然現實上難以想像，不過接種疫苗有可能會造成犬瘟熱發病。只要想想疫苗的原理，就知道要100%避免是不可能的。已經被弱毒化的疫苗雖然不用太擔心，但是當免疫力降低或是身體狀況不好時就必須注意。

❖接種時期

剛出生的雪貂可以透過母乳獲得從媽媽那邊轉移過來的抗體，所以對疾病擁有某種程度的抵抗力。

然而隨著成長，抗體降低，免疫力也逐漸低落。這個時候就要做第1次的疫苗接種（第1次可能在購入前就已經接種過了，請事先確認）。疫苗接種並不是越早越好，在移轉抗體還很充足時接種，也無法期待效果。

一般來說，第1次在出生後6～8週時，第2次在出生後10～12週時，第3次在13～14週時接種，之後每年接種1次。第1次接種時如果還留有移轉抗體，疫苗就無法充分發揮效果，所以拉開間隔分成數次進行接種，效果會更好。

其他疾病

中暑

雪貂是非常怕熱的動物。恆溫動物擁有讓體溫保持一定的能力，因此就算外面的氣溫變高，還是會努力維持平常的體溫；但是外在氣溫如果過度升高，就會喪失維持體溫的能力。

持續曝曬在直射陽光下，或是長時間待在溫度和濕度高、不通風的密閉房間裡，會變得無法調節體溫，使得體溫上升引起中暑。因為雪貂的汗腺不發達，無法藉由流汗造成的氣化熱來降低體溫。

肥胖、病弱、高齡的個體尤其容易中暑，必須注意。

中暑在轉眼之間就會發生。夏天時，請不要將雪貂獨自留在汽車中。

【症狀】體溫上升，嘴巴打開做快速的淺層呼吸，口腔黏膜和蹠球變紅。鼻子乾燥，精疲力盡地倒臥著，嚴重時可能會嘔吐或痙攣、失去意識，甚至死亡。

【治療】必須儘速降低體溫，請採取緊急處置（161頁）。

情況危急時必須立刻帶到動物醫院。就算雪貂的身體狀況看起來好像恢復了，可能還是需要打點滴等，而且有些情況最好還要接受腎臟或心臟等有無異常的診察，所以還是帶往醫院吧！

【預防】做好適當的夏季溫度管理。理想的室溫為20～24度，超過30度就非常危險。夏天時如果沒事就不要帶到外面去，更追論散步了。

由於天氣大多從5月時開始變熱，必須注意（暑熱對策→103頁）。中暑是只要飼主注意就能充分預防的疾病。

※並非生病的雪貂。

骨折

雪貂的外傷上常見骨折。在與人的生活中，潛藏著足以令人意外的許多危險。不小心被踩到、被門夾到、從高處跳下、不喜歡被人抱著而從人的手臂上跳下來，等等原因都可能造成骨折。也可能從陽台的欄杆隙縫摔落，造成脊椎損傷等非常嚴重的傷害。

在籠子裡面也有危險。例如四肢或趾甲鉤到狹窄處，為了想要抽出來而拚命掙扎造成骨折，或是從安裝在較高位置的閣樓處掉下而造成骨折等。

【症狀】走路時會拖著骨折的腳，或是無法踩在地板上。因為疼痛而精疲力盡，想要碰觸牠時，就會出現攻擊性。

【治療】剛骨折後會因為疼痛而靜不下來。請一邊讓牠穩定下來，一邊做好帶往動物醫院的準備吧！

藉由X光檢查等進行診斷，施行固定骨折部位的手術。越早做固定，越可能完全治癒。固定的方法有很多，會依部位和狀態而異。可能會用骨板或骨針釘住骨骼，或是從外側用骨針釘住固定。

閉鎖性骨折，由於折斷的骨頭在皮膚之下，所以從外面看不出來；而開放性骨折，則是折斷的骨頭穿破皮膚露出，所以不只要做骨折的治療，還要擔心感染的風險。

如果是極輕度或是不易固定的趾尖骨折等，就算不特別處理，有時只要限制運動就可能自然痊癒。

萬一狀態嚴重，就算施行骨折治療的手術，好轉的希望也極低時，就必須考慮截肢。雪貂也可以習慣失去手腳的狀態，沒有障礙地生活。

【預防】大部分的骨折都是飼主可以預防的。讓雪貂玩耍的時候，請經常確認牠在什麼地方。出去陽台時請注意摔落意外。在室內時，注意不要讓牠隨便爬到高處，還有在雪貂尚未習慣時最好坐著抱牠。

※並非生病的雪貂。

播散性特發性肌炎

近年來受到矚目的雪貂疾病是播散性特發性肌炎（DIM）。也被稱為多發性肌炎。

根據國外的文獻，DIM雖然是嚴重的疾病，卻是雪貂的罕見疾病，為肌肉及其周圍組織的不明原因發炎。報告指出，該病常見於未滿1歲半的年輕雪貂，尤其是在出生6～12個月大的雪貂身上。

症狀進展迅速。一發病，就會出現發燒（超過40度）、虛弱、變得沒有精神、出現腋窩等皮下腫脹。會產生疼痛感，變得不想活動；也有些會出現進食困難，或是排便異常等。症狀加遽時，會出現呼吸次數和心跳次數增加、脫水、流鼻水、噁心、被毛出現變化等。檢查血液，可以發現白血球增加，或是引起貧血。

在心臟、食道、後肢或腰部也會出現肌肉損傷。

有人懷疑這可能是免疫介導性的疾病，不過發生原因和治療方法尚未清楚，目前仍在研究中。

截至2011年為止，日本只有少許報告的程度而已，依然處於情報收集的階段。

肥胖

肥胖不是「病」，但是過度肥胖的狀態卻會成為各種疾病的要因，有時還會妨礙治療。

之所以變得肥胖，是因為消耗的熱量少於攝取的熱量。餵食雪貂的時候，經常是將飼料擺在一旁，讓牠任何時候都可以吃到飽；但如果只待在狹窄的籠子裡不運動的話，當然會變胖。請以適當的飲食和充分的運動來預防肥胖。

只是，過瘦當然也不好，維持結實健壯的體格才是最好的。

關於雪貂的輸血・供血

為了因應腎上腺疾病等引起的貧血，或是意外等造成的大量出血，有時必須進行輸血。

由於市面上並沒有販售雪貂的輸血用血液，所以當必須輸血時，就要由其他的雪貂供血（提供血液）。有些動物醫院會飼養供血用雪貂，但卻不是所有的醫院都如此。如果必須對雪貂輸血，就要由自家飼養的其他雪貂供血，或是請求認識的雪貂飼養者協助。

雪貂專賣店、動物醫院或是網路的留言板等，有時也會徵求願意協助輸血的雪貂。當然，如果不是在健康上沒有問題的年輕個體就無法協助，不過若是能夠協助的話，希望你也能幫忙哦！

人和動物的共通傳染病

什麼是共通傳染病？

「人和動物的共通傳染病」是指可在人類和動物之間相互傳染的疾病。有人獸共通傳染病、人畜共通傳染病、動物傳染病、Zoonosis等名稱。由人類傳給動物，或是由動物傳給人類的病原體，有寄生蟲、原蟲、真菌、細菌、濾過性病毒等各種。有名的共通傳染病有狂犬病、鸚鵡熱、SARS、禽流感、狂牛症等，除此之外，還有據稱多達150至200種的共通傳染病。

聽到疾病會從動物傳給人類，或許大家會覺得害怕，但其實並不是和動物接觸就一定會感染。擁有共通傳染病的相關知識，不隨便恐慌，採取適當的對待方法才是重要的。

雪貂和共通傳染病

會由雪貂傳給人類的疾病並不特別多。一般大家知道的會由小動物傳染給人類的皮膚真菌症、沙門氏菌症、弓漿蟲病、巴斯德桿菌病等，其中實際上可能會由雪貂傳染給人類的，大概也只有皮膚絲狀菌造成脫毛的皮膚真菌症而已。而且那也不是雪貂常見的疾病，只要有適當的相處方式就能夠預防感染。

狂犬病在狂犬病發生國是必須注意，但在日本國內，已有50年以上未曾發生狂犬病，而且從國外進口的雪貂也全都經過包含狂犬病在內的檢疫，所以就現實而言，是不需要擔心的共通傳染病。

關於狂犬病，簡單地說，是由桿狀病毒所引起的傳染病，不只是狗，包含人類在內的所有哺乳動物都可能感染。只要被咬就會感染，發生神經症狀後幾乎100%會死亡。

雪貂和流行性感冒

說到共通傳染病，大家往往只注意到由動物傳染給人類的疾病，然而就雪貂而言，卻有個很大的特徵是人類也會傳染疾病給雪貂，那就是流行性感冒。流行性感冒並不是特別罕見的疾病，大部分的人應該都曾經得過一次吧！這也是每年到了冬天就會流行的疾病，因此所有的雪貂飼

主，都必須先知道雪貂和流行性感冒之間的關係。

雪貂對人類的流行性感冒具有高度感受性（因此也被用在流行性感冒的研究上），會被人類傳染。傳染途徑就和人類彼此間的傳染一樣，是藉由咳嗽或打噴嚏的飛沫傳染。已經感染的雪貂會傳染給其他雪貂或人類，所以原本同籠的雪貂請分開飼養。

雪貂感染時，如果是健康的成貂，症狀通常較輕微；但如果是年幼又體力不佳的雪貂，就可能會變得很嚴重。

一旦感染，會出現打噴嚏、咳嗽、流鼻水和倦怠感、食慾不振等，年幼的個體可能會進展成肺炎。如果是成貂，大約7～14天就會自然康復，為了讓牠恢復食慾，不妨給予牠喜歡的食物，為牠補充水分。

首先要自己做好健康管理，避免被傳染。如果被傳染了，就要儘量遠離雪貂（照顧方面最好拜託其他人進行），不要在雪貂的旁邊咳嗽或打噴嚏，或是用沾到飛沫的手去摸雪貂。在流行性感冒盛行的時期，不帶雪貂到人多的地方也是預防方法之一。此外，雪貂是不做流感疫苗預防接種的。

如何預防共通傳染病？

●迎進雪貂時

請在衛生的店家選擇健康的個體。帶回家後，要讓牠接受檢便等的健康檢查，並且進行瘟熱病疫苗接種時期的諮商。要帶回第2隻以上的雪貂時，請設定「檢疫」期間。

●每天的照顧

最重要的還是要對雪貂進行適當的飼養管理。注意衛生方面（便盆和籠子的清掃、室內的清掃等）、飲食方面（給予充分含有動物性蛋白質的飲食），用心經營沒有壓力的生活。

●雪貂的健康管理

將健康檢查排入每天的功課中。如果發現異常，請好好接受治療。最好定期接受動物醫院的健康檢查。

●飼主的健康管理

在照顧後或遊戲後，請以藥用肥皂將手充分洗淨、漱口。就算是採取放養在人的生活空間的飼養方式，在人吃飯時或睡覺時，還是要讓雪貂回到籠子裡。

免疫力一低落，就容易感染疾病，還有冬天時也得擔心得到流行性感冒。確實做好自我管理，讓自己能一直保持健康。高齡者和幼兒，一生病免疫力就可能降低，所以請特別注意。

●感情交流

為了和雪貂擁有健康的生活，需要的是「界線」。雪貂和人是完全不同種類的動物。不管多麼愛牠，都要避免親吻、用嘴巴餵食等親密的接觸。邊和雪貂玩邊吃東西，或是躺在同一張床上睡覺，都不是好事情。

為了避免遭到雪貂咬傷或抓傷，先讓牠馴熟也是很重要的。

感覺不對勁時

當你覺得身體不舒服，卻想不出原因時，視情況告知為你診療的醫師「家裡有飼養動物」，或許是比較好的做法。如果不這樣做，醫師可能難以察知原因，在診斷和治療上會花費更多的時間。

只要不是非常嚴重的傳染病，都能不放棄動物地繼續飼養下去。不妨和自己的主治醫師以及獸醫師商量，思考對飼主和雪貂雙方都好的方法吧！

常見的動物傳染病——皮膚真菌症，不管飼主怎麼治療，如果不治療動物，就會一再反覆感染。最重要的是，不管是人還是動物都要健康才行。

雪貂和過敏

有時可能會在飼養動物後引發過敏。被毛、皮屑、唾液和尿液等都會成為過敏的原因。一旦過敏，可能會打噴嚏或流鼻水、有搔癢感，嚴重時甚至會引發氣喘和呼吸困難。

雖然無法掌握實際情況，不過因為雪貂而引起過敏的人應該不少吧！

貓狗、兔子、老鼠、倉鼠等可以在專門機構接受過敏的抗體檢查，所以有過敏病史的人想要飼養這些動物時，可以先做檢查。不過，要進行「雪貂上皮組織」等專為雪貂特化的抗體檢查，在現時點是做不到的（或許可參考「動物上皮組織」）。

●開始飼養前

為了避免飼養後再棄養的事情發生，有過敏症狀、異位性皮膚炎等的人，在飼養雪貂前最好做慎重考慮。如果有飼養雪貂的朋友，不妨去他家玩，或是到有賣雪貂的寵物店逛逛，再試著觀察身體狀況的變化，也是個方法。

●帶回家後

萬一帶回雪貂後出現了過敏症狀，請先接受專門醫師的診察。如果只是輕度過敏，還是有很多飼主可以繼續跟動物一起生活。可以和專門醫師討論，進行最好的處置。

不過，如果出現激烈氣喘等嚴重過敏是會危急生命的。這時尋找新的飼主也是一種選擇。

每天的過敏對策

- 將生活空間分開。不要將臥室當做雪貂遊戲的房間。
- 經常清掃籠子。
- 讓牠遊戲後，將室內清掃乾淨。
- 即使是輕度過敏，在照顧或是遊戲時，還是要準備手套、口罩、配戴護目鏡及專用服裝（儘量不露出肌膚）。
- 進行室內的換氣，同時使用空氣清淨機。
- 照顧後，要用流動的水充分洗手、漱口。
- 視狀態請家人幫忙照顧。
- 隻數一多，症狀也會變得嚴重，所以要避免多隻飼養。
- 梳毛後將掉落的毛清除乾淨。
- 注意讓自己的健康維持在良好狀態，進行過敏的治療。

雪貂的看護

雪貂過了4～5歲，就很容易罹患各種腫瘤等疾病，其中不乏有難以完全治癒的疾病。以讓雪貂儘量舒適度過為目的，這樣的看護日子可能就要來臨了。

自己能為雪貂做些什麼呢？雪貂又會希望自己怎麼做呢……對於疼愛雪貂的飼主的決心，相信雪貂是一定會接受的。如果必須在家做看護，不妨和家庭獸醫師仔細商量，進行更好的看護。

●環境

＊打造容易進行看護、雪貂也可以安心的環境。放在地上的睡鋪可能會比吊床更理想。

＊讓牠在微暗、安靜的場所好好休息。

＊避免過冷或過熱，維持舒適的溫度。如果使用寵物電熱毯，請注意避免變得過熱，或是低溫燙傷。

＊有外傷時，要注意環境衛生以免二次感染。

＊排泄有障礙時，不要讓雪貂的屁股處在髒污狀態，請幫牠清理乾淨。請勤於更換地墊。

＊多隻飼養時，如果有傳染病就要隔離。

＊雪貂的腰腿衰弱時，要儘量將環境打造成無障礙空間。如果會從籠子自行出入，請為牠安裝斜坡等。

＊爪子過長會鉤到地墊等物品。由於運動量一減少就容易長長，如果太長請做修剪。

●飲食

＊就算雪貂看起來可以自己進食、喝水，也可能無法如你以為的那樣順利。請檢查牠吃喝了多少，以及排泄量是否有對應。

＊食慾低落時、有吃但還是日漸消瘦時，請給予少許高熱量的飲食（雪貂的高營養飲食↓85頁）。

＊為了增加食慾，可以給予牠喜歡的食物；不過對罹患胰島腺瘤的雪貂，請避免給予醣質過多的食物。

●投藥

＊錠劑可以用藥丸粉碎器弄成粉末，混合在FerretVite之類雪貂愛吃的食物中給予。依照藥劑的種類和疾病，有些食物或許不適合摻藥，不妨詢問獸醫師看看。

＊藥膏和眼藥水等，要在保定後投與。如果雪貂會亂動，也可以在牠舔食零食時投藥。

●病程的報告

在商業世界裡，認為「報告、聯絡、商量」是很重要的，看護應該也是如此吧！雪貂的身體狀況是否有因為給予的藥劑而導致變化等等，觀察病程是非常重要的。請時常將這些觀察向家庭獸醫師報告、聯絡吧！不但有助於訂定之後的治療方針，或許也可以幫助到其他為相同疾病煩惱的雪貂。還有，看護時如果有擔心的事，就要開口諮詢。

●收集資訊的心理準備

除了書籍之外，網路等也可以廣泛收集到資訊。不過網路資訊未必全都是正確的，而且由各種立場不同的人所發出的情報，可以說是「良莠不齊」。或許要從裡面找到自己真正想要的資訊並不容易。可能有些飼主面對這麼多資訊會感到茫然，煩惱著「自己的做法是否正確？」、「這樣做對雪貂好嗎？」。在投身資訊大海前，請先想想「自己想要怎麼做？」。先看清楚自己能做到的事、做不到的事之後再收集資訊，這樣才能確實地獲得自己真正需要的資料吧！

●感情交流

如果雪貂對你已經很熟悉，非常喜歡被人撫摸身體的話，只要飼主有時間，不妨就叫喚牠、摸摸牠吧（請避開疼痛處）！如前述般，養病時應該要保持安靜，不過，讓雪貂知道飼主並不是對牠置之不理也是非常重要的。

我家雪貂的看護經驗

雪貂教我明白的事

case 1
從心臟肥大到肺水腫、肋膜積水

●さちさん

●**雪貂的名字（性別）**／芽衣（♀）

●**看護期間**／6歲9個月～7歲22天

●**在家進行的看護內容**

餵藥、強制餵食。

●**餵藥時是如何進行的？**

混在高營養免疫補充品中給予。

●**飲食上給予什麼樣的食物？**

乾飼料、高營養免疫補充品。

●**環境設備上的注意事項**

為了避免壓力累積，儘量讓牠想出來的時候就能來到籠子外面。還有，因為很難跨越階梯，所以將籠內打造成無障礙空間。

●**看護上最困難的事**

抽出肋膜積水時要施打鎮靜劑，考慮到對身體的負擔，很難決定該以怎樣的速度抽出肋膜積水。腎臟數值升高後，增加利尿劑這件事也變得不太可行，所以在治療方針上非常苦惱。最後的2～3天牠好像很痛苦，看了真的很難過。

●**關於看護的心理準備，以及在看護時支撐飼主堅持下去的是什麼？**

這是我飼養的第一隻雪貂，所以感觸特別深。看到牠如此痛苦的樣子，讓我非常難過。一方面也是因為牠年紀大了，所以每天相處時我想的都是如何才能不勉強地幫牠排除痛苦。看著直到即將離世前仍然努力正常過生活的雪貂，覺得自己也要加油才行。

case 2
淋巴癌

●クッキーさん

●**雪貂的名字（性別）**／格米（♂）

●**看護期間**／3歲3個月～3歲7個月

●**在家進行的看護內容**

強制餵食、如廁輔助。

●**餵藥時是如何進行的？**

請醫院處方可以溶在糖漿中的藥劑，連這個都不吃時，就混在免疫營養品或油品中。

●**飲食上給予什麼樣的食物？**

可以自己進食時，牠愛吃什麼就吃什麼。我們家是給予TOTALLY FERRET SELECTION、Sheppard& Greene等。另外還有混合了藥劑的免疫營養品或油品。

●**環境設備上的注意事項**

和年輕的雪貂一起實在沒辦法玩，所以就另外讓牠在外面玩。到了後期時，因為後腳已經站不起來了，所以就在木質地板上鋪了絨毯，儘量讓牠容易行走，籠子裡也安裝了斜坡。

●**是否有做排泄照顧？有的話是如何進行的？**

房間中鋪滿寵物尿便墊，讓牠可以在任何地方排泄。

●**看護上最困難的事**

牠真的很討厭吃藥，因此在牠離世前的1個禮拜我就放棄強制餵食了。那種感覺就好像是在虐待牠一樣，讓我覺得很難過。當然，在這之前也有試著摻在各種食物裡餵食過。

●**看護時覺得好用的製品和辦法**

有特殊加工，容易放入口中的注射器（末端較細、削成圓弧狀以免弄傷）。

●**關於看護的心理準備，以及在看護時支撐飼主堅持下去的是什麼？**

我曾經和許多生病的雪貂一起奮鬥過，但還沒有一隻像牠這麼討厭吃藥的，真的很辛苦，甚至讓我有一種勉強餵藥是虐待，不餵藥是拋棄的心情。不過，最終能讓牠在我的手邊去世就是我唯一的救贖了。

case 3
IBD（傳染性腸炎）

●さちさん

●**雪貂的名字（性別）**／力姆（♂）

●**看護期間**／4歲6個月～5歲2個月。

●**在家進行的看護內容**

點滴、餵藥、強制餵食、排泄的照顧。

●餵藥時是如何進行的？
混在高營養免疫補充品中用注射器給予。

●飲食上給予什麼樣的食物？
泡軟的飼料、高營養免疫補充品。

●環境設備上的注意事項
無法跨越階梯，所以籠內設置成無障礙空間。拿掉吊床，放置矮床和睡袋，廁所也只擺放了尿便墊。

●是否有做排泄照顧？有的話是如何進行的？
由於牠到最後幾乎無法走路，所以每隔2～3個鐘頭我就會帶牠去上廁所。

●看護上最困難的事
最後1個月我幾乎無法睡覺，此外，只能看著牠漸漸衰弱的樣子直到最後，覺得很難過，精神上非常痛苦。

●看護時覺得好用的製品和辦法
刷毛布做成的睡袋（上醫院時只要放入睡袋中，似乎就能讓牠安心）。

●關於看護的心理準備，以及在看護時支撐飼主堅持下去的是什麼？
晚上幾乎無法睡覺，在體力上和精神上都很痛苦是沒錯，不過只要想到和牠共度的每一日的珍貴性，就能夠不可思議地堅持下去。只是，看著牠漸漸食不下嚥而日益衰弱的模樣，對於自己的無能為力也越來越覺得撐不下去。每當這種時候，看到牠雖然衰弱卻拚命想活下去的模樣，反而讓我有獲得了勇氣的感覺。

case 4 循環系統疾病（心臟不好，但原因不明）

●前川くるみさん

●雪貂的名字（性別）／LEON（♂）

●看護期間／3歲8個月～4歲3個月

●在家進行的看護內容
前腳做了血管留置，在那邊接上點滴導管。還有租借機器的點滴。餵藥。

●餵藥時是如何進行的？
溶於水後用玻璃滴管給予。

●飲食上給予什麼樣的食物？
剛開始是市面上販售的飼料。隨著身體狀況的變差而變得沒有食慾，所以就將醫院販售的ROYAL CANIN的高營養．免疫補充粉用溫水溶化後給予。因為牠沒有下痢，所以當牠沒有食慾時就讓牠飲用。

●環境設備上的注意事項
當時我養了2隻雪貂，但是為了要完全管理，所以是分開飼養的。還有，我怕牠要爬上吊床會有困難，所以沒有將吊床掛起來，而是放在地板上，或是使用睡袋。

●看護上最困難的事
是自己的心情。看牠張著嘴巴呼吸，好像很痛苦的樣子……好不容易好轉了一點，卻又開始惡化……讓我每天都在苦惱，像這樣進行延命治療，會不會只是延長了讓牠受折磨的時間而已？

●看護時覺得好用的製品和辦法
簡便睡鋪。雪貂喜歡在箱子等裡面睡覺，所以我在百元商店買了塑膠箱，放進吊床或睡袋後使用。

●關於看護的心理準備，以及在看護時支撐飼主堅持下去的是什麼？
動物醫院的所有員工。其實我自己是非常不安的，這時，獸醫師和護士小姐們就會對我說：「LEON加油～！前川小姐加油～！」成為我相當大的支持。在不安的時候，每個鼓勵我的人們都是我的倚仗。

case 5 小貂阿留申病（併發白內障、腎臟肝臟機能障礙）

●miya'coさん

●雪貂的名字（性別）／巧克（♂）

●看護期間／1歲7個月～2歲1個月

●在家進行的看護內容
餵藥。

●餵藥時是如何進行的？
溶於水後混在免疫營養品中。

●飲食上給予什麼樣的食物？
乾飼料（情況不好時就將乾飼料泡軟）。

●環境設備上的注意事項
因為白內障看不見，所以就算是小東西，我也會避免改變配置。

●是否有做排泄照顧？有的話是如何進行的？
牠能夠自己步行，所以就交給牠自己去做，不過有時會來不及到便盆，所以要經常檢查籠內是否被排泄物弄髒。

●看護上最困難的事
當時因為醫院離家近，所以還好，然而出院後2天一次的回診還是很辛苦。

●看護時覺得好用的製品和辦法
因為是在寒冷季節，所以兼具保溫和隔離功能的塑膠製小型帳篷（為了確保透氣，門會一直開著）非常有用。

●關於看護的心理準備，以及在看護時支撐飼主堅持下去的是什麼？

為了做到自己能夠認同的看護，我想獸醫師的選擇是不能妥協的。在治療過程中我毅然決然地換了醫院，即便是過了數年後的現在，還是覺得當時換對了。這也讓我了解了從還是健康時就要先找好各種醫院情報的重要性。醫術好、知識豐富是當然條件，但飼主和獸醫師之間是否能好好地溝通也很重要。不只是獸醫師，還有有過抗病經驗的雪貂友人們也會給我建議，真的非常感謝。

case6 胰島腺瘤、淋巴癌、腎上腺疾病

●ルルママさん

●雪貂的名字（性別）／露露（♀）

●看護期間／7歲7個月～9歲1個月

●在家進行的看護內容

餵藥、強制餵食。

●餵藥時是如何進行的？

最初是從嘴巴旁邊塞入錠劑，用注射器給水讓牠吞下去，但是牠的吞嚥能力衰退，我擔心會進入氣管，所以就溶在水中，混入高營養補充品裡。為了讓牠完全服下規定分量的藥，所以有剩餘時，會再以水稀釋，用注射器讓牠服下。

●飲食上給予什麼樣的食物？

飲食上，牠滿愛吃泡軟的飼料，所以我只注意避免空腹引起的發作。到了8歲6個月時，因為咀嚼力變弱了，所以我將飲食的時間改成固定，把壓碎的飼料弄成糊糊的液狀，將食物拿到嘴邊，牠就會自己吃下去。等到牠無法自行進食後，就將弄成液狀的飼料和高營養補充品混合，為了預防噎到，將露露抱成稍微往前蹲的姿勢，使用注射器給予。在給予液狀飼料這一點上，須注意的是避免形成牙齦炎。餐後要用注射器給水，以沖洗掉附著在犬齒上的食物，再用濕潤的紗布加以擦拭。

●環境設備上的注意事項

睡鋪是在兒童椅用的座墊上縫製入口敞開的蓋罩，為了方便進出，用繩子將兩端吊起來。此外，在這1年6個月與疾病抗戰的生活中，最用心思的是為了避免將流行性感冒傳染給體力低下的露露，每個家人都有確實做好個人的健康管理。幾乎每年都會得流行性感冒的兒子也只有那一年沒得感冒，而且積極地幫忙照顧露露。

●排泄的照顧

原本如廁就是利用寵物尿便墊，所以為了讓牠容易行走，在籠內鋪滿了寵物尿便墊，讓牠可以在任何地方上廁所。

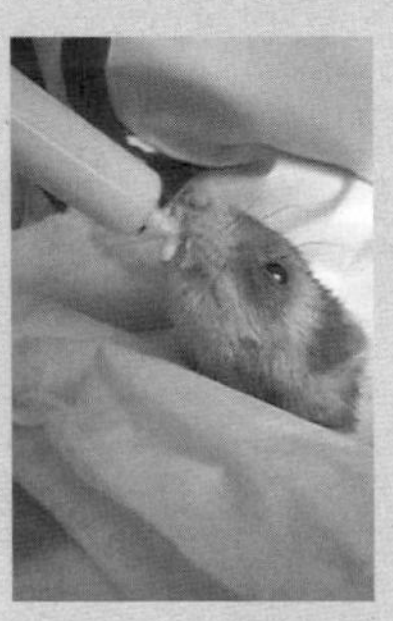

●看護上最困難的事

因為要上班，所以最辛苦的是要想辦法讓飲食沒有間隔，以及餵藥。幸好有家人、媽媽和附近的朋友來幫忙。

●看護時覺得好用的製品和辦法

製作液狀飼料時大有幫助的是離乳食品用的小型研磨缽和研磨棒。用研磨棒壓碎般地研磨，可以做出細緻的粉末。

●關於看護的心理準備，以及在看護時支撐飼主堅持下去的是什麼？

由於得了胰島素瘤和淋巴癌，為總有一天會來臨的分離而感到悲傷的我送來聲援的，是透過雪貂認識的從關西到東海、關東、同縣的朋友們；而獸醫師則讓我明白了最尖端的治療並非一切，對於現在依然努力活著的高齡露露來說，身為家人就要盡可能地支持牠。如果只有我一個人，是無法做到毫不放棄地守護著體力日漸衰弱的露露的，我真的非常感謝他們。

※這裡介紹的例子終究是個人的經驗談。在家看護時請和家庭獸醫師充分討論。

高齡雪貂的照顧

活潑調皮的雪貂總有年紀漸長的一天。遺憾的是，日本的雪貂壽命並不算長，可以說過4歲後就開始老化了。不過，即使和人類相比只有短短的壽命，但雪貂每天都是竭盡全力地活著。就這樣日積月累，漸漸有了年紀。可以照顧年老的雪貂，是因為牠們長壽的關係。請一邊接受牠們身體上出現的變化，提供更舒適、讓牠們可以安心生活的晚年吧！

●高齡雪貂的身體變化

*聽覺、嗅覺等五感日漸衰退。視覺本來就不是很好，更是越見低下，也可能因為白內障而失去視力。

*因為變瘦，背部顯得拱起。

*肌力變弱，運動能力衰退。不再跳邀玩的舞蹈。後腳變得無力。

*骨量減少，骨骼變得脆弱。

*內臟機能衰退，引起消化不良。

*腫瘤的發病風險提高。

*牙齒變弱，可能會掉牙。

*不太做理毛，所以毛流會變差；被毛的生長力衰退，因此會變得稀疏。

*免疫力衰退，變得容易感染疾病，不易治療。

*恆常性（體溫調節、荷爾蒙分泌、自律神經等）變得難以維持，所以身體狀況容易崩壞。

*本來就是很會睡的動物，上了年紀後睡覺時間變得更多了。

●環境的維持和安全對策

上了年紀後改變飼養環境，會為高齡雪貂帶來壓力。例如，將原來放在遠處的便盆突然換到睡鋪附近來，雪貂應該會感到迷惑更勝於「慶幸」吧！稍微走到遠處，雖然只有幾步路，還是可以成為運動。什麼都幫牠弄得好好的，反而會限制了牠還擁有的能力。

雖說如此，但有些地方若依然維持年輕時的狀態，可能會有危險。例如在籠子的出入口安裝斜坡，或是考慮到萬一從吊床翻落時，先在地板上放置可做為緩衝墊的睡鋪等。請在不妨礙雪貂「能做到的事」的狀態下施行安全對策。

並非所有的雪貂衰老的方式都是一樣的，所以要弄清楚「能夠做到的事」和「無法做到的事」。

就算如廁失敗的機率增加了，也不要斥責牠，請以寬大的胸襟來對待牠吧！

●溫度管理

用心打造不會太熱也不會太冷的環境。夏天必須保持涼爽這一點對於年輕雪貂來說也是一樣的。冬天時，如果是健康的雪貂，就要準備溫暖的睡鋪，電熱毯則視需要使用。

●飲食

就算有吃也不太會變胖。乾飼料如果顯得難以進食，不妨弄軟後再給予。到了高齡後，推薦使用脂肪成分比年輕雪貂吃的還少的飼料。

●多隻飼養

如果大家都是高齡雪貂，可以在一起過著安穩的生活；不過若有年輕又充滿活力的雪貂，高齡雪貂可能會感到疲累。觀察遊戲時的模樣，年輕雪貂如果老是糾纏不清，不妨當天就讓牠們分開吧！

●健康管理

請不要忽略身體狀況的變化。就算生病了，也不要因為高齡就放棄。即使是無法完全治癒的疾病，還是可以選擇將著重點放在提高生活品質的治療。

緊急處置

突然受傷或感到身體不適……雖然身體不舒服時首先就要帶到動物醫院，不過真的無法立刻帶去時，請先做緊急處置。如果有經常看診的動物醫院，不妨聽從獸醫師的指示。

●中暑

必須儘快降低體溫。使用以水浸溼後擰乾的毛巾包覆身體。體溫一開始下降就會急遽降低，所以要避免使用冰水等過度冰冷的水。（中暑→147頁）

●趾甲剪太深時的出血

傷到流經趾甲中的血管而出血。用清潔紗布按在傷口上，進行壓迫止血。稍微用力地短時間按壓。身體上的小傷口如果出血了，大多能以壓迫止血止住。

●下痢

體溫低下就要預防脫水症狀。如果是寒冷時期，可以使用寵物電熱毯溫暖睡鋪（請勿過熱）。讓牠飲用嬰幼兒用的離子飲料，補充水分；千萬不要強迫牠喝，以免嗆到發生危險。如果牠不想喝時，只要做到將牙齦和嘴唇稍微弄濕的程度就可以了。

●嘔吐

消化道內異物或是胃部疾病都可能造成雪貂嘔吐。就算腸內堆積了毛球，雪貂也不會像貓一樣把毛球吐出來。如果嘔吐了，請儘速帶往動物醫院。請確認嘔吐物中是否有血液混雜。如果有脫水症狀，必須以點滴補充水分。

也有不是那麼嚴重的嘔吐，屬於「不需立刻帶到醫院也沒關係」的程度，但小心注意是不變的法則。

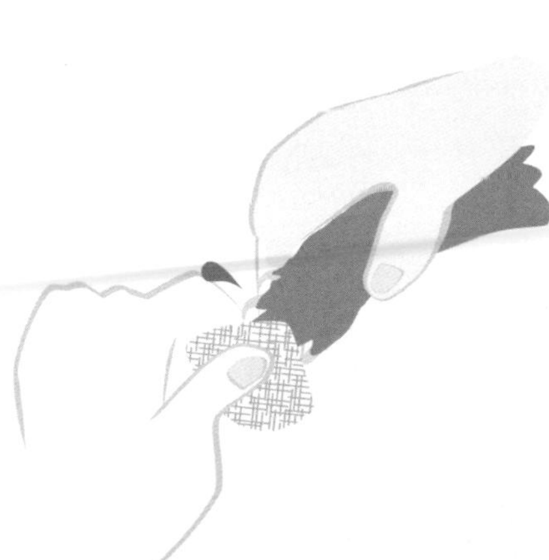

●摔落意外

就算外觀沒有出血等，也可能有骨折或是內臟損傷的情形，請緊急接受診察。

為了避免雪貂驚慌亂動，致使症狀惡化，請用刷毛布或毛巾包覆身體讓牠安靜下來，然後放入提袋等裡面，在微暗的地方讓牠休息。萬一變成休克狀態，體溫可能會下降，所以也可以使用寵物電熱毯，但須注意不可過熱。

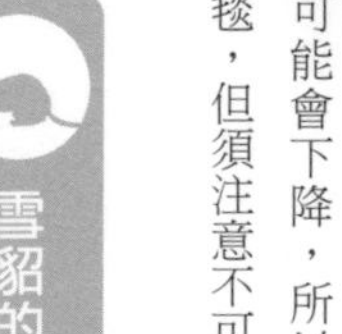

雪貂的急救箱

預先準備好緊急時方便使用的「急救箱」會比較安心。在此介紹內容物的一例。

- 無針針筒（強制餵食用的約50cc，餵藥用的約1cc）
- 毛巾（強制餵食時等用來包裹身體）
- 滅菌紗布、脫脂棉花、棉花棒（末端圓的和尖的）
- 紙膠帶、布膠帶
- 濕毛巾
- 拋棄式手套
- 鑷子、拔刺夾、剪刀（末端呈圓形的小剪刀）
- 拋棄式暖暖包、保冷劑（置於冷凍室中）
- 葡萄糖液等提高血糖值的東西
- 離子飲料（最好是嬰幼兒用的）
- 化毛膏
- 掛號證、目前使用的藥品清單、疫苗證明書、飼養筆記等全都要放在一起。
- 關於常備藥，請和家庭獸醫師商量。

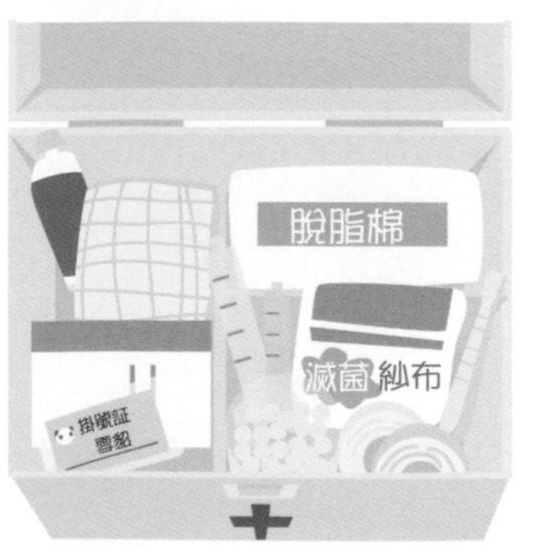

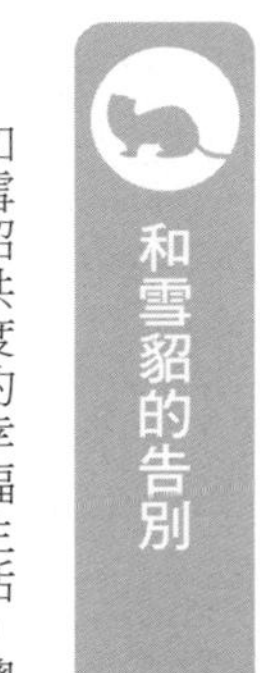

和雪貂的告別

和雪貂共度的幸福生活，總有告別的一天。雖然非常悲傷，但還是要對彼此能相遇這件事心懷感謝地送牠最後一程。

●想哭就盡情地哭

「喪失寵物症候群」是寵物身故時任何人都會體驗到的失落情感。告別是一件很難過的事。不需要壓抑那樣的感覺，想哭就哭吧！只要時間經過，總有一天，以笑容想起和雪貂共度的每一天的日子一定會來臨。

●告別的方法

埋葬請以自己可以接受的方法進行。可以埋葬在自家庭院（不可擅自埋葬於公共場所或他人的私有地），也可以在寵物墓園進行火葬或納骨（最好選擇可以信賴的業者），或是委託自治團體。不管哪一種，請選擇你自己能夠全心全意和雪貂告別的方法。

●為了傳承給下一代

請務必向家庭獸醫師報告。雪貂是還有很多不明點的動物，藉由報告增加一件雪貂的知識，或許有一天能拯救其他雪貂的性命。也可以委託進行病理解剖，找出死因，或許可以為下個世代留下些什麼（能否接受病理解剖因人而異，本建議或許不適合每一個人）。

然後等到心情穩定下來後，希望你能將和雪貂一起經歷的快樂事、辛苦事、和疾病抗戰的經驗等等，傳達給接下來的飼主們。如此一來，你的雪貂所留下來的回憶就能一直存在。

column 7

預先想好防災對策

2011年3月11日，在本書的製作過程中發生了東日本大地震。有許多寵物的受災狀況也被報導出來，但現實情況是，就連貓狗這些從很久以前就陪在人類身邊的動物們也無法進入避難所，甚至只能面臨被遺棄的命運。

而貓狗之外的寵物狀況卻幾乎沒有任何報導。在福島核災意外警戒區域內，由環境省所舉辦的寵物保護活動中，也僅以貓狗做為對象。能夠守護家中雪貂的只有飼主而已。在這裡，簡單列出最好平日就能預先想到的幾個事項。

- □請先想好就算地震劇烈搖晃，籠子也不會傾倒的固定方法。此外，也要確認當家具倒下或是家具上方有物品掉落時，是否會撞到籠子？
- □可能無法購得雪貂飼料，被迫必須給予貓糧。請先擴大雪貂的食物範圍。
- □雪貂沒有平日就配戴項圈的習慣，而且因為會鑽入狹窄處，有戴的話反而危險。萬一失蹤時，終究還得是靠微晶片來進行個體識別。
- □就算沒有讓牠在提袋中長時間度過，或是帶去散步的習慣，但是讓牠能戴得住胸背帶和牽繩的訓練或許還是必要的。
- □準備雪貂用的緊急外出袋。除了提袋之外，也要放入飼料、水、餐碗、胸背帶和牽繩、寵物尿便墊、塑膠袋、報紙、膠帶、毛巾、掛號證、慢性病藥物、急救組合等。如果覺得支援物資中「沒有」雪貂飼料就要先行準備。只不過，也不能一次就帶著好幾天的分量走。如前述般，先讓牠願意吃貓糧等和平常不同的飼料是必要的。
- □或許無法「馬上回來」。原則上，寵物也要跟飼主同行避難（雖說如此，現實上就連貓狗都無法進入避難所的實態還是令人遺憾。不過，我們飼主還是要先知道「寵物同行避難是原則」這一點）。
- □尤其是多隻飼養時，請先想好緊急時該以什麼樣的步驟來避難。
- □如果是在夏天發生災害，無法用電時，可能會有許多雪貂中暑。先想好不須依賴電源的抗暑對策吧！
- □飼主若不保，雪貂也保不住。請好好思考自己的防災對策吧！

第 8 章

雪貂的文化史

cultural history of ferrets

雪貂的歷史

●起源於埃及

一般認為，雪貂在日本成為眾所皆知的寵物應該是從1990年代左右開始的。在日本做為寵物的歷史尚短的雪貂，在歐洲卻有非常長久的歷史。

不過，雖然是大家熟悉的雪貂，其家畜化的原委卻不甚明確。

據說，雪貂在公元前3000年的埃及就已經開始作為家畜了，擁有不遜於貓的長久歷史。

在公元前1400～1200年前的埃及穀倉壁畫上，描繪著被認為是雪貂的動物。

說到穀倉，最惱人的就是老鼠了。雪貂可能是做為捕捉害獸．小型囓齒目的動物而被家畜化的。

●流傳到歐洲

雪貂在古代希臘、羅馬也是人們熟知的動物。根據以《博物誌》聞名的老普林尼（Plinius，ＡＤ23～79）的記載，在摩洛哥～埃及一帶好像就有利用雪貂來狩獵兔子。

一般認為將利用雪貂獵兔子推廣到歐洲的是羅馬人。

到了中世紀時，雪貂在歐洲已經廣為人知了。在文藝復興時代，用雪貂來狩獵也成為豪門仕女的興趣，做為寵物飼養在家庭中。到了1875年時，英國的維多利亞女王還把白子雪貂做為禮物送給來訪的客人，形成了一股雪貂風潮。

●傳往美國

目前留有的紀錄是，1875年時毛皮商人將雪貂從西班牙輸入到美國。在美國的雪貂主要是被拿來做為毛皮動物，或是驅除老鼠使用。

1900年代初期，美國非常盛行將雪貂做為毛皮動物來飼養。在1986年，毛皮用雪貂農場的登錄數達到127間。

雪貂也用來做為實驗動物。最初是在1926年時，用於犬瘟熱的實驗。因為雪貂對瘟熱病毒和流行性感冒病毒的感受性高，所以也被用在這些研究上。

在歐洲，使用雪貂狩獵兔子還是很盛行。雪貂一進入巢穴，兔子就會立刻竄出，被獵人抓個正著。為了預防雪貂在巢穴中吃掉兔子或是睡著了，會在牠們身上綁上長繩。

就像這樣，雪貂做為寵物、用來驅除有害動物、做為毛皮動物、做為實驗動物等，在各方面都和人類都有著深遠的關係。

●歐洲和美國之間的不同

原本就將雪貂家畜化的歐洲，和到了19世紀才引進雪貂的美國，人們和雪貂的相處方式似乎也有相當大的差異。在歐洲，一般不會施行早期的避孕去勢手術，而比起市售的飼料，食餌則是以生食為主。美國則是會在早期進行避孕去勢手術，並以市售的飼料來飼養。日本向來是由美國進口雪貂的，所以是以美式的飼養法為主流，不過考慮到歐洲的雪貂有較為長壽的傾向，對於歐洲的雪貂飼養動態，或許我們也有學習的必要吧！

名字的由來

●「FERRET」是什麼意思？

雪貂的學名是「*Mustela putorius furo*」。

「*Mustela*」是指鼬科，來自拉丁語中意味著老鼠的「mus」（順帶一提，小家鼠的學名為「*Mus musculus*」）。

「*Mustela putorius*」是指歐洲雞鼬，這裡的「*putorius*」來自於拉丁語的「putor」（惡臭）。

「*Mustela putorius*」的後面加上「*furo*」就是雪貂，表示雪貂是歐洲雞鼬的亞種。「furo」來自於拉丁語的「furonem」，它的意思是「小偷」。

也就是說，「*Mustela putorius furo*」用英語來說就是「mouse-eating smelly thief」，亦即「吃老鼠的臭小偷」的意思。

「雪貂（ferret）」這個英文名稱就是從「furo」（或是「furonem」，兩者都是「小偷」的意思）而來的。

雪貂很擅長將玩具或食物帶到某個地方藏起來。或許可以說不是「人如其名」，而是「名如其人」吧！

●「鼬」是什麼意思？

雪貂是鼬的同類。一般認為日語的「鼬（イタチ）」有各種語源，在此試著從《日本語源大辭典》中舉出幾個例子。

- 喜歡吃魚，把魚捉光光＝魚絕（イヲタチ）

  日本的鼬生活在水邊，也會吃魚。

- 站立時的樣子和火柱相似＝火立（ヒタチ）、居立（ヰタチ）

  日本的鼬有著偏紅色的被毛。

- 捕捉到獵物時的樣子＝息絕（イキタチ）
- 最血吸（イタチスウ）的略稱
- 痛苦屁放（イタヘハナチ）的意思

最後舉出的「痛苦屁放」，可以讓人聯想到強烈的臭腺氣味。

從鼬的漢字來看，部首是鼠字邊，或許以往曾被認為是老鼠的同類吧！在江戶時代的博物書《和漢三才圖會》和《本朝食鑑》中都被分類為「鼠類」。

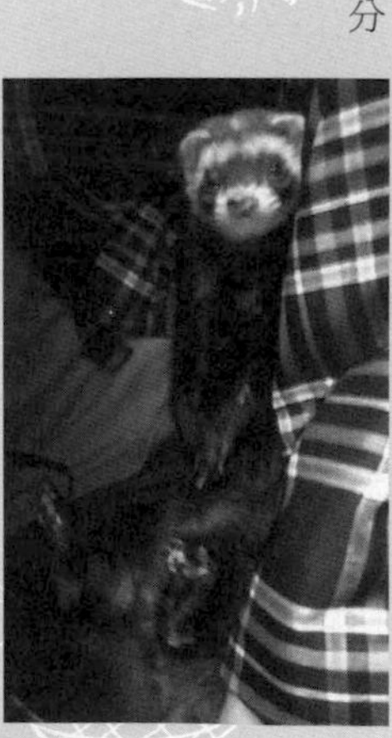

鼬給人的印象

●在歐洲「如果說到鼬？」

雪貂雖然被冠上「臭小偷」這個學名，但在歐洲，鼬的形象卻是「勇氣」。這是來自於中世紀的傳說，據說只有鼬能夠打倒巴西利斯克（basilisk）。這裡所說的鼬，是指鼬科中體型最小的伶鼬。巴西利斯克指的並不是鬣鱗蜥科的蜥蜴，而是指從古代就為人所知的幻想生物（以蛇為原型）。

此外，牠也被認為是女巫的傭獸，或是能夠變身為鼬的女神，而白色被毛的鼬甚至能成為惡靈的化身之類。在日本，白色動物則是吉祥的象徵，立場有相當大的不同。另外在歐洲，還有鼬會由口中產子，或是對血飢渴、貪慾等的想像。說牠由口中產子，可能是來自於牠用嘴巴啣住幼崽搬運的模樣，但也可能是受到希臘神話的影響。在神話裡，說牠是因為說謊所以才會遭受要由口中產子的懲罰。

日本的鼬

●也在古典文學中出現的鼬

鼬是自古以來就和人們很親近的動物，甚至在繩文時代的遺跡中都找到鼬的骨頭。

在《和名類聚抄》和《宇津保物語》等中，鼬也做為捕捉老鼠的動物出現，並不是珍奇的動物。

在《源氏物語》的《末摘花》中，有名的醜女公主末摘花就是穿著黑貂毛皮登場的。《平家物語》中也刊載著為了釐清鼬的騷動代表何事要發生的前兆，而請了占卜師前來占卜的故事。

●鼬曾經是寵物？

或許在江戶時代，鼬就做為寵物被人飼養了。《本朝食鑑》是元祿時代刊行的有如食材辭典般的書籍，在鼬的項目中寫著「鼬的性格，極親近於人，飼養之可遺懷」。此外，從寫著「常在人家中」這一點也可以知道牠是人們身邊常見的動物。關於食性，寫著「常捕捉鳥或老鼠，但只吸血而非全部食之。飽即捨去殘餘」，但實際上鼬可不是只有吸血而已。

此外，也提到鼬身體柔軟，有時放入竹筒中，亦能反轉脫出。充分表現出雪貂同類的特色。

●河童和水獺

現在可能已經滅絕的日本水獺，在江戶時代是到處都有的動物。或許我們再也無法看到了。

不過，我認為日本水獺做為跟我們極為接近的存在，今後應該也會一直存在下去。怎麼說呢，也就是「河童」。大家都知道的、作為日本最具代表性的妖怪或UMA（未確認動物）的河童，一般認為其原型就是來自於猿、龜，以及水獺。

鼬和妖怪

夜行性的動物很容易給人詭譎的印象。鼬也一樣，被視為是引發怪異現象的妖怪，存在著各式各樣的迷信。

- 鼬集結鳴叫表示不吉利。
- 鼬如果只叫一次，人就要小心火燭了。
- 像鼬之類的動物會在家中發出搗米的聲音（稱為「鼬の陸搗き」，視聲音傳入的方向是前廳還是後門來判斷吉凶）。
- 鼬集結發出喧鬧聲，過去查看時聲音就停止了（稱為「鼬の六人搗き」，發出聲音可能是代表家道興隆或衰敗的前兆）。
- 降下鼬靈來做占卜的「鼬寄せ」只限男性參加。要呼喚鼬很容易，要請牠走可就難了。

讚美後轉為吉利

還有，鼬也可能化身為大和尚或小沙彌。或許是用後腳站起來的姿態看起來像那個樣子吧！據說也會像狐狸一樣化身為人。各位讀者家裡的雪貂應該不會化身什麼的吧？

如果看到鼬在庭院裡集結鳴叫時，只要說出「鼬，眉目美（長得美麗）」，據說就能逢凶化吉。如果每天都能多多稱讚雪貂的話，或許是件好事哦！

「鼬，眉目美，請再來，見見面」也是日本人熟知的俗語。這是以鼬洗臉的模樣或招手般的動作來比喻，明明是嘲笑對方臉長得醜，但卻故意說反話稱讚對方「美麗」的文字遊戲。

●不是只有「鼬的遊戲」而已……鼬的諺語

說到有鼬登場的諺語，「鼬ごっこ」就很有名。但大家或許不知道這到底是什麼樣的遊戲。其實，這原本是小孩子玩的遊戲。面對面一邊念著「鼬ごっこ，鼠ごっこ」，一邊互相捏對方的手背，將手不斷往上重疊。用來比喻老是重複相同的事，一點進步也沒有的意思。想預防雪貂搗蛋，但還是被搗蛋了，不管再怎麼預防，雪貂還是一再地搞破壞……這表示雪貂的胡鬧能力是有進步的，所以或許無法說是「沒進步」吧！

還有一個「鼬の最後っ屁」也很有名。表示進退維谷、陷入絕境時的非常手段。這是因為一般認為從鼬的臭腺釋出的分泌物惡臭是不會一下就消散的，用來比喻威力驚人的最後武器。

●鼬的各種諺語

除此之外，也還有很多跟鼬有關的諺語。

・鼬が文庫負うて逃げまわる：驚慌失措的樣子。文庫是指收納書籍等的匣子。

・鼬の無き間の貂誇り：鼬比貂強，所以當沒有鼬的時候，就成為貂的天下。比喻沒有比自己強的角色時就傲慢自大。

・鼬の道切り：指鼬橫穿過人的前面。鼬不會走回頭路（只是傳説！），因此被認為是有去無回，出門時如果遇到這種狀況就會觸霉頭。

・鼬の目蔭：指看著遠處時，用手遮在眼睛上面。據説鼬在注視人的時候都會這樣做。

・鮨桶に鼬の付いたよう：就像覬覦壽司桶裡的魚而賴著不走的鼬一樣，比喻執拗覬覦而不肯離開的樣子。

・鼬，火に祟る：欺負鼬，就會遭到報應而發生火災（或是天氣改變，下大雪）。

「鮨桶に鼬の付いたよう」所表現出來的執拗，在想吃零食的雪貂身上似乎是共通的。隨著在日本的雪貂的不斷地累積歷史，或許還會誕生出新的諺語吧！

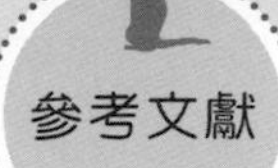

参考文獻

Elizabeth V. Hillyer、Katherine E. Quesenberry編、長谷川篤彥、板垣慎一監修『フェレット、ウサギ、齧歯類一內科と外科の臨床一』学窓社、1998年

Katherine Quesenberry DVM、James W. Carpenter MS DVM Dipl ACZM著『Ferrets, Rabbits and Rodents: Clinical Medicine and Surgery Includes Suger Gliders and Hedgehogs』Saunders、2003年

佐伯英治著『エキゾチックペットの寄生虫ハンドブック』誠文堂新光社、2000年

D. W. マクドナルト編、今泉吉典監修『動物大百科第1巻』平凡社、1986年

D. W. マクドナルト編、今泉吉典監修『動物大百科第11巻』平凡社、1987年

川道武男編、日高敏隆監修『日本動物大百科第1巻』平凡社、1996年

川道武男編、日高敏隆監修『日本動物大百科第2巻』平凡社、1996年

奥村純市・田中桂一編『動物栄養學』浅倉書店、1995年

Handほか著、本好茂一監修『小動物の臨床栄養學』マーク・モーリス研究所、2001年

香川芳子監修『五訂食品成分表2001』女子栄養大學出版部、2001年

「ホリスティックケア・カウンセラー養成講座」日本ホリスティック獸医師協会、カラーズ、2007

児島桂子著『わが家の動物・完全マニュアル フェレット』スタジオ・エス、2008

児島桂子著「フェレット」アニファ、スタジオ・エス、1994-2008

Ron E. Banks、Julie M. Sharp、Sonia D. Doss、Deborah A. Vanderford著『Exotic Small Mammal Care and Husbandry』Wiley-Blackwell、2010年

Vickie McKimmey著『Ferrets』Interpet Publishing、2008年

Kim Schilling著『Ferrets For Dummies』For Dummies、2007年

「Ferrets USA 2011」Fancy Publication、2010年

梶島孝雄著『資料日本動物史』八坂書房、2002年

前田富祺監修『日本語源大辞典』小学館、2005年

粕谷宏紀編『新編川柳大辞典』東京堂出版、1995年

ジャン=ポール・クレベール著、竹內信夫ほか訳『動物シンボル事典』大修館書店、1989年

アト・ド・フリース著、山下主一郎ほか訳『イメージ・シンボル事典』大修館書店、1984年

人見必大著『本朝食鑑5』平凡社、1981年

寺島良安著『和漢三才図会6』平凡社、1987年

村上健司編著『日本妖怪大事典』角川書店、2005年

鈴木棠三編『故事ことわざ辞典』創拓社、1992年

高橋秀治著『動植物ことわざ辞典』東京堂出版、1997年

"Animal Diversity Web"<http://animaldiversity.ummz.umich.edu/site/>(accessed 2011.03.31)

"The IUCN Red List of Threatened Species"<http://www.iucnredlist.org/>(accessed 2011.03.31)

"The American Ferret Association"<http://www.ferret.org/>(accessed 2011.04.10)

"Ferret Central"<http://www.ferretcentral.org/>(accessed 2011.04.10)

"SmallAnimalChannel.com "<http://www.smallanimalchannel.com/ferrets/>(accessed 2011.04.10)

"The Ferret Owners Manual"<http://www.ferretuniverse.com/care/resources/ferretmanual.pdf>(accessed 2011.04.10)

"Original Recipe for Duck Soup by Ann Davis"<http://www.hugawoozel.com/ferretcare.html>(accessed 2011.04.15)

"VeterinaryPartner.com"<http://www.veterinarypartner.com/>(accessed 2011.04.20)

「外来生物法(環境省)」<http://www.env.go.jp/nature/intro/>(accessed 2011.03.31)

「動物の愛護と適切な管理(環境省)」<http://www.env.go.jp/nature/dobutsu/aigo/>(accessed 2011.04.10)

「動物の輸入届出制度について(厚生労働省)」<http://www.mhlw.go.jp/bunya/kenkou/kekkakukansenshou12/>(accessed 2011.04.10)

●感謝提供照片及協助取材的各位(無排序,敬稱省略)●

☆毅&晴美☆、miya'co、いたちarea、えりか、ササしん、さち、たか♪、ままん、柚羽里、FURO、na★su、PINKY、yagamy、あーや、イタチ使い、いぬかい、いのふぁむ、えりんご、ぐうまま、そらら、ちるる、にゃいる、花ちゃん、薔薇姫ちゃこ、ぴのこ、星谷仁、星野ルナ、ぽんちゃん、前川くるみ、ゆきへこ、るか、渡辺 潔(懶道人=モノグサドウジン)、miko、NAMI、クッキー、さっちゃん、田中裕・和美、みくろん、モモ、mone、あすける、ヴィヴィアン、チーまま、ネコみみ、マダム恋雪、めぐ283、遊夜、よしだ、らにーにゃ、ルルママ、あずもん、ちっちまん、藤原武、モカ、はるぱん

謝謝大家!

國家圖書館出版品預行編目資料

雪貂的飼養法/大野瑞繪著;彭春美譯.--二版.--新北市:
漢欣文化事業有限公司,2021.10
176面;15X21公分.-- (動物星球;21)
譯自:ザ・フェレット:食事・住まい・接し方・医学がわかる
ISBN 978-957-686-814-6(平裝)

1.鼬鼠科 2.寵物飼養

437.394 110015340

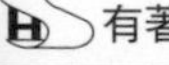
 定價350元

動物星球21

雪貂的飼養法(暢銷版)

作　　者 / 大野瑞繪　監　　修 / 田向健一
攝　　影 / 井川俊彥　譯　　者 / 彭春美
出 版 者 / 漢欣文化事業有限公司
地　　址 / 新北市板橋區板新路206號3樓
電　　話 / 02-8953-9611
傳　　真 / 02-8952-4084
郵撥帳號 / 05837599 漢欣文化事業有限公司
電子郵件 / hsbookse@gmail.com
初版一刷 / 2021年10月

本書如有缺頁、破損或裝訂錯誤，請寄回更換

THE FERRET SHOKUJI, SUMAI, SESSHIKATA, IGAKU GA WAKARU

Originally published in Japan in 2011 by SEIBUNDO SHINKOSHA PUBLISHING CO.,LTD.
Chinese translation rights arranged through TOHAN CORPORATION, TOKYO., and Keio Cultural Enterprise Co., Ltd.

PROFILE

■ 作者

大野 瑞繪

出生於東京。動物作家。以「用心飼養動物，動物就會幸福；動物能夠幸福，飼主也能幸福」作為宗旨活動中。著作有：《ザ・モモンガ》、《小動物ビギナーズガイド　フェレット》、《ザ・プレーリードッグ&ジリス》、《ザ・ハリネズミ》（以上為誠文堂新光社）、《はじめてのハムスター》（Julian）等。身為一級愛玩動物飼養管理師、寵物營養管理師、人類和動物關係學會會員。

■ 監修

田向 健一

田園調部動物醫院院長。從小就非常喜歡動物，因而成為獸醫師。以「平衡的動物醫療」做為宗旨，每日負責各種動物的診療。雪貂的診療經驗也很豐富，從預防醫療到手術皆親自為之。主要著作有：《小動物ビギナーズガイド　フェレット》（誠文堂新光社）、《幸せなフェレットの育て方》（大泉書店）等（皆為監修）。

■ 攝影

井川 俊彥

出生於東京。東京攝影專門學校報導攝影科畢業後，成為自由攝影師。身為一級愛玩動物飼養管理師。攝影對象主要是貓狗、兔子、倉鼠、小鳥等伴侶動物。已出版書籍有：《ザ・モモンガ》、《ザ・ウサギ》、《ザ・リス》、《ザ・ネズミ》、《小動物ビギナーズガイド　ハムスター》、《子うさぎの時間》（以上為誠文堂新光社）、寫真繪本《ハムスター》（POPLAR社）、《図鑑NEOどうぶつ・ペットシール》（小學館）等多數。

■ 插畫
サヨコロ

■ 設計
アートマン

■ 照片協助（敬稱省略・無排序）
HEART動物診所・內藤晴道

■ 攝影協助
小倉英一、日吉寛

■ 製作協助
星谷仁、藤原武

■ 攝影・製作協助
FERRET WORLDららぽーと店
千葉県船橋市浜町2-1-1
TOKYO BAYららぽーとウェスト5F
TEL：047-495-3815
HP　http://ferret-world.jp